我的第一本科学漫画书

科学实验王

升级版

KEXUE SHIYAN WANG

波动的特性

BODONG DE TEXING

[韩] 小熊工作室/著
[韩] 弘钟贤/绘
徐月珠/译

二十一世纪出版社集团
21st Century Publishing Group

审订序

通过实验培养创新思考能力

少年儿童的科学教育是关系到民族兴衰的大事。教育家陶行知早就谈到：“科学要从小教起。我们要造就一个科学的民族，必要在民族的嫩芽——儿童——上去加工培植。”但是现代科学教育因受升学和考试压力的影响，始终无法摆脱以死记硬背为主的架构，我们也因此在培养有创新思考能力的科学人才方面，收效不是很理想。

在这样的现实环境下，强调实验的科学漫画《科学实验王》的出现，对老师、家长和学生而言，是件令人高兴的事。

现在的科学教育强调“做科学”，注重科学实验，而科学教育也必须贴近孩子们的生活，才能培养孩子们对科学的兴趣，发展他们与生俱来的探索未知世界的好奇心。《科学实验王》这套书正是符合了现代科学教育理念的。它不仅以孩子们喜闻乐见的漫画形式向他们传递了一般科学常识，更通过实验比赛和借此成长的主角间有趣的故事情节，让孩子们在快乐中接触平时看似艰深的科学领域，进而享受其中的乐趣，乐于用科学知识解释现象，解决问题。实验用到的器材多来自孩子们的日常生活，便于操作，例如水煮蛋、生鸡蛋、签字笔、绳子等；实验内容也涵盖了日常生活中经常应用的科学常识，为中学相关内容的学习打下基础。

回想我自己的少年儿童时代，跟现在是很不一样的。我到了初中二年级才接触到物理知识，初中三年级才上化学课。真羡慕现在的孩子们，这套“科学漫画书”使他们更早地接触到科学知识，体验到动手实验的乐趣。希望孩子们能在《科学实验王》的轻松阅读中爱上科学实验，培养创新思考能力。

北京四中 物理教研组组长 物理高级教师 **厉璀琳**

作者序

伟大发明大都来自科学实验！

所谓实验，是为了检验某种科学理论或假设而进行某种操作或进行某种活动，多指在特定条件下，通过某种操作使实验对象产生变化，观察现象，并分析其变化原因。许多科学家利用实验学习各种理论，或是将自己的假设加以证实。因此实验也常常衍生出伟大的发现和发明。

人们曾认为炼金术可以利用石头或铁等制作黄金。以发现“万有引力定律”闻名的艾萨克·牛顿（Isaac Newton）不仅是一位物理学家，也是一位炼金术士；而据说出现于“哈利·波特”系列中的尼可·勒梅（Nicholas Flamel），也是以历史上实际存在的炼金术士为原型。虽然炼金术最终还是宣告失败，但在此过程中经过无数挑战和失败所累积的知识，却进而催生了一门新的学问——化学。无论是想要验证、挑战还是推翻科学理论，都必须从实验着手。

主角范小宇是个虽然对读书和科学毫无兴趣，但在日常生活中却能不知不觉灵活运用科学理论的顽皮小学生。学校自从开设了实验社之后，便开始经历一连串的意外事件。对科学实验毫无所知的他能否克服重重困难，真正体会到科学实验的真谛，与实验社的其他成员一起，带领黎明小学实验社赢得全国大赛呢？请大家一起来体会动手做实验的乐趣吧！

目录

人物介绍

范小宇

所属单位： 黎明小学实验社

观察内容：

· 具有能够单纯地解释含糊、复杂的比赛主题的才华。

· 以卓越的记忆力在预赛中扮演关键性的角色。

· 偶尔也有举棋不定、困惑的时候。

观察结果： 科学理论依然不是他的强项，但在关键时刻总能适时发挥机智，借此展现他不为人知的才能。

江士元

所属单位： 黎明小学实验社

观察内容：

· 尽管时间受限，但依旧尽最大的努力为队友解释原理。

· 明确了解自己在黎明小学实验社中应该扮演的角色。

· 发布会结果之际，对于观众席的骚动感到焦虑不安。

观察结果： 尽管不善于表达，但开始改变过去以自我为中心的性格，逐渐融入黎明小学实验社，成为其中的一分子。

罗心怡

所属单位： 黎明小学实验社

观察内容：

· 充分展现了与士元之间宛如搭档一般的默契。

· 满心期待在晋级决赛前报名参加各种学习课程。

观察结果： 一度因为沉溺在自己的感觉里，导致与朋友疏远，但渐渐开始关心朋友的感受。

何聪明

所属单位：黎明小学实验社

观察内容：

· 发挥笔记达人的特长，有条有理地整理实验过程，精心安排一切程序。

· 最先察觉小宇不稳定的心理状态。

观察结果：虽然对小宇有不满之处，但还是愿意以真诚的态度充当朋友的心理医生。

艾力克

所属单位：大星小学实验社

观察内容：

· 对于偶然在黎明小学和久万小学对决中认识的田在远产生一股强烈的竞争意识。

· 利用情报达人裴宥莉，暗中调查田在远的背景。

观察结果：虽然外表很绅士，但是为了达到自己的目的，不惜任何代价。

林小倩

所属单位：黎明小学跆拳道社

观察内容：

· 决心专注于跆拳道训练。

观察结果：因为小宇为了自己默默安排实验的贴心举动而深受感动。

❶ 

❷ 

❸ 

❹ 

其他登场人物

❶ 黎明小学实验社的良师益友，柯有学老师。

❷ 与小宇展开一场精彩对决的刘真。

❸ 时时刻刻都把小倩摆在心中第一位的田在远。

❹ 对于黎明小学的成长感到极度不悦的太阳小学校长。

第一部 不祥的预感

黎明小学实验社……
还不是那个缺乏资金的黎明小学校长，因为羡慕我们太阳小学实验社，才糊里糊涂创办的吗！
我宣布创办实验社！
实验社？
既然和新闻社无缘，就加入实验社好了……
我一定会加入实验社的！
……
一开始没人愿意加入，后来勉强由四个人组成，其中除了江士元以外，剩下的都是一群乌合之众。
我还以为凭这些成员能够挤进全国大赛的预赛，单纯只是靠运气罢了！

但昨天我所看到的
黎明小学，实在不
能跟过去同日而语。
在一个任谁都会感到慌张
的角色扮演实验中——
这些孩子却完美诠释了
他们自己所扮演的角色！
这不该是不过才成立
几个月的菜鸟团队。
罗心怡
再加上……
江士元

我不知道。
那时的……
我也不知道。
罗心怡
他们说不知道是理所当然的。
那……
那道光芒！
一闪……

闪……
从他们身上散发出来的那道光芒，到底是什么呢？
我有种不祥的预感。我还以为他们根本就不可能成为我们的对手……
自从看到那道光芒之后，我开始感到极度的不安。
为什么在我校的实验社就是看不到那道光芒呢？
哎哟！好刺眼！
论实力，应该要发出比他们这一群高出一百倍、一千倍的光芒才对嘛！
一闪！
指
……

注[1]：介质是用于传播能量的物质，譬如在传播声波时的介质可以是气体、液体、固体。

您瞧！很难找到所有成员的水准如此一致的实验社。
这就是其他队伍所没有的优势。
这倒是有道理。
这些学生可是当初我按照全校排名顺序筛选的精英！
点头
当初笛卡尔主张光是波动。
后来到了 17 世纪，牛顿主张光是粒子——
从此奠定了光的“粒子说”的基础。
沙沙
不过，英国的托马斯·杨，证实了光和声音一样，也具有波动的性质。
就通过这项实验！
嚓喀

再看黎明小学实验社，他们算是由江士元一个人带队。
跟着我！
如果跟我们对决，就等于是一个比四个的结果了。
不！要是真的如此，
当初江士元突然昏倒时，他们就该慌了手脚而惨遭淘汰才对！
可是后来的结果是什么？
假设光是粒子，当我们使它通过狭缝时，它理应分成两道光。
但结果是……
截然不同的！
咔嚓
啪……

投射在荧幕上的亮纹并非两条，而是很多条！
啪……
哗啊……
即便少了士元，但黎明小学实验社……
没错，却离奇地……
变得更茁壮！
如果拿个人相比，当然是我们的实力远超对方。
就像1加1等于2一样……
这是两列或两列以上的光波在空间中相遇时发生叠加而形成新波形的干涉现象！
就是波动最具代表性的性质。
闷……
干涉现象

可是如果全部
聚在一起的话……
啊！
哗啊啊……
通过这项实验认定光也有波动性后，便催生了后来的“量子力学”。
你指的是在研究无法用肉眼看到的微小粒子或是更小的尺度时，必须使用的理论吗？
没错！在量子力学中，1 加 1 并非一定等于 2，也有可能是 0 或 4。尽管是相同的原理，但是在粒子的世界中，也会以完全不同的面貌来呈现。
没错！
便成为
截然不同的面貌！

这……
这么说……
……
……
我并不想
这么认定，
但黎明小学确实
具有不为人知的
潜力，要是这么
下去的话……

太阳小学
不要！
哇
黎明小学
万岁！
哇
一窝蜂
呜啊啊啊！
我……我不要
这种结果！
一定有
什么原因！
全身颤抖……

火焰
火焰
一定要找出
那道光芒的
根源！
我的意思是，一定要
找出根本不能和我们
相提并论，且水准超
低的那群人，会散发
出那种光芒的原因！
火焰
黎明小学和久万小学
的比赛就要展开了，
您要过去看一下吗？
哦，这个
主意不错！
正所谓百闻
不如一见！
我一定会
找出来的！
嗒
嗒
嗒
嗒
哇哇……
哇啊啊啊

好的！以上是久万小学
实验社的采访报道。
鞠躬
接着我们就来
采访黎明小学。
是这场比赛的
另一支队伍。
嚓
您……您好！
我……我是
黎明小学实验社
代表何聪明！
鞠躬

黎明小学应该是首次参加全国实验比赛吧？请您向还不熟悉黎明小学的观众介绍一下贵校的优点。
僵硬
啊，是！
我们学校
具有非常多的优点！
其……其中最棒的优点是……
因为学校离家很近——
哈哈哈
所……所以不必担心迟到的问题。
嚓
哈哈哈
噗嘿嘿
原来如此！
哈哈哈

那么，您可以讲一下黎明小学实验社面对最后一场预赛的心情吗？
心……心情吗？

我何聪明今天
会写出最棒的
实验报告书！
我的梦想
使命必达！
拍
他们该不会真的
选他作为代表吧？
你看！我真的
被这些家伙给
搞糊涂了！
好怪的人。
真是丢尽了
学校的脸。
哈哈哈哈
以上是记者在现场采访
面对第三轮预赛的两所
学校的报道。
鞠躬
现在将镜头
还给主播台。
你这算哪门子的
代表啊？枉费我
投你一票。
神志
不清中！
哈
哈哈
哈

大会宣布，
现在起第三轮预赛
正式开始。
嚓……
紧张……
紧张……
欢迎两队来到今天
的比赛现场，现在
就公布最后一场预
赛的比赛主题。

今天比赛的主题是
“有深度的地震”。
东看看
西看看
紧张……

嘿
终于能够达成晋级
决赛的心愿了吗？

黎明小学……
已经成为不容忽视的
队伍了。
……
哇
哇

好，晋级吧！
我会等着你们的！

提到地震实验……
可以呈现因地震而引起的地壳变动的实验有很多。
但是——
在“有深度的地震”的前提之下，只呈现地震现象是不足为奇的。
必须是包含深度概念的地震实验才可以。
包含深度概念的地震实验……
我们来想一想好了。
各位……
基……基于地震是地表大规模震动的现象……

震动……

没错，我们可以从
震动中找出深度！

啊，波动中的振幅具有深度的概念！
啪

扑通
想象把石头投入湖水时，形成一圈一圈的涟漪，从侧面观察涟漪的形状，可以发现水是上下振动的。
挤压
砰
波峰
波峰
振幅
振幅
平衡位置
振幅
波谷
此时，波峰或波谷到平衡位置之间的距离，称为“振幅”。

振幅越大，就表示振动能量越大……
没错！
那我们把地震的振幅用影像呈现出来就可以了。

我知道一种可以呈现地震振幅的工具！
就是地震仪！
因为地震仪是专门用来记录地动的仪器……
我认为是符合比赛主题“有深度的地震”的实验！
地震仪不是分成记录水平方向振幅和垂直方向振幅两种吗？
我们要制作哪一种呢？
不必做选择，想要完美记录地震的大小，两者缺一不可！

这么说——
我们就……
好！
转身
嗒
嗒
现在我们的实验
已经定案了！

实验1　自己动手做涟漪

波动是一种常见的物质运动形式，指的是当物质接收到某种能量后，产生扰动和振动，会连带地使周围的物质一起受影响。介质为水的波动称为水波，介质为弹簧的波动称为弹簧波。当地底能量释放时，通过地壳传送到地面上引起剧烈摇动的波动，称为地震波。也有一些波动是肉眼看不见的，例如移动电话、广播、通信等设备发出的电磁波。现在，我们就通过一项简单的实验，来探究波动的一种特征。

准备物品：软木塞、脸盆、水杯、吸管

❶ 在脸盆内装满水，然后将软木塞置于水面上。

❷ 静待片刻，直到水面呈现平静状态为止。

❸ 将吸管一端插入水杯中，然后用手指堵住吸管的另一端将吸管取出，然后在离软木塞适当的位置滴下一滴水。

❹ 从滴水处开始形成涟漪，但软木塞不会往旁边移动，而是呈现出在原来位置上下振动的状态。

这是什么原理呢？

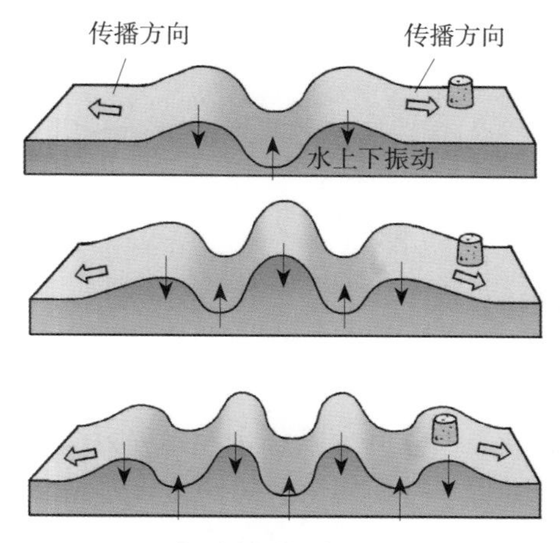

水波的传递过程

波动的特征是介质只会以振动的方式传送能量，而不会随波前进。涟漪就是日常生活中最容易观察到的代表性波动，波纹一圈一圈向外扩散，但是水并没有向外流动，只在原来的位置上下振荡，所以浮在水面的软木塞也只是跟着上下振动，而不会渐渐移动到外围。

实验2　自制纸杯话筒

打电话时，声音到底是怎么传递给对方的呢？声音也是一种波动，称为声波。电话的话筒接收到声音后，将声波转换为电流，通过电话线传送到另一端的听筒，接着从对方的听筒传出来。我们只要通过一项简单的实验，就可理解这个原理。

准备物品：纸杯 4 个、锥子、绳子、木制筷子、美工刀

❶ 用锥子在纸杯底部中央挖一个洞，将绳子从洞口穿入。

❷ 将木制筷子切成 3 至 4 厘米长，用穿出杯口的绳子捆住。

❸ 其他纸杯也用相同方法挖洞，并使绳子的另一端穿过纸杯底部后捆住木制筷子。

❹ 双方把绳子拉直，然后拿起纸杯话筒进行对话。即使在远处窃窃私语，也能够清楚地传递到对方耳中。

❺ 再制作一组纸杯话筒，使绳子中间缠绕在一起，把绳子拉直后，四个人一起进行对话。一个人的声音同样可以传递给其他三个人。

这是什么原理呢?

声音是通过介质的振动而传播的一种能量。当对着纸杯话筒说话时，声音使纸杯话筒底部的纸片振动，然后波动再通过绳子传递，使另一端纸杯话筒底部的纸片振动，从而推动杯内空气振动，声音就是这样传递的。

实验中之所以将绳子拉直，是为了让声波的能量有效地通过绷紧的绳子来传递，让听者听到的音量不会差太大。波动的传播会受到介质状态的影响，如果介质呈现松弛的状态，便无法顺利传递振动。

第二部 对决时刻

黎明小学实验社，真是一支有趣的队伍！
我还记得在地区大赛中，他们也是靠着运气一路过关斩将的……
祝你好运！
陆续击败了比赛经验丰富的大海小学，以及去年的冠军队伍大川小学。
接下来面对的，可是以稳中求胜而闻名的久万小学！

如果连这场比赛都
能打赢的话……
喂……
敲 敲

你是大星小学的艾力克，
对吧？我可是一眼就认
出是你！
一头金发的美少男！

？
啊，我是……

太阳小学新闻
社的裴宥莉！
裴宥莉
太阳小学
新闻社
010-XX-XXX
……
等比赛结束后，可以给我一点时间吗？
我很早以前就想找机会采访你了。

Have we ever met before? This is the first time I meet you.（我们以前见过面吗？这可是我初次见到你呢！）
傻住……

什么嘛！我早就探过你的底了，你这是不愿意接受我的邀约啰？

好，我姑且尊重你的意思！不过话说回来——
啪
I know you speak Chinese Well.（我知道你的中文讲得很好。）

我的字典里可是没有放弃这……
啊！他是？
哈哈！

去年让大川小学称霸的主将：田在远。听说他不是突然消失了吗？
西看看
东看看

真没想到会在这里见到本尊！
嚓

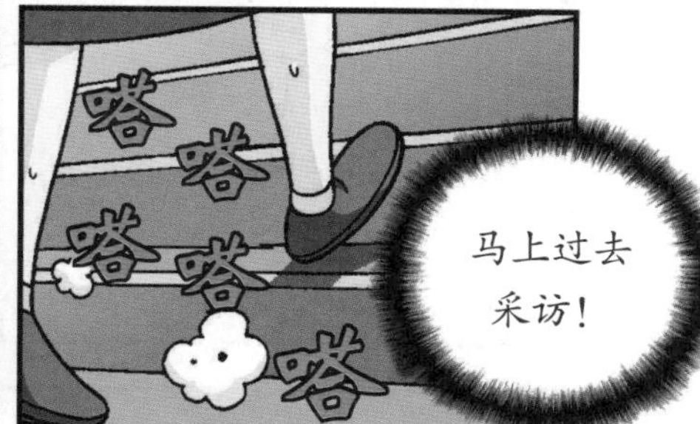
嗒
嗒
嗒
嗒
嗒
嗒
马上过去采访！

能够在这种地方见到田在远大师本尊，真是我的荣幸！
我是来自……
沙沙沙
嚓
惊吓

爬
爬
爬
爬
爬
爬
叮

你……你也不想接受我的采访，是吧？好……很好，我就尊重你们两位的意见！
哼！

转身
不过，等着瞧！有朝一日，我一定会采访到你们的！
"江士元特辑"嘛！
还有啊，反正今天是……
主题并不单纯呢……
你在担心什么？答案已经出来啦！
就是"有深度的地震"嘛！

意思就是叫我们找出地震发生时，地壳中晃动最深的地方嘛！
哈哈！
怎样？很帅吧？
我多希望这些评审像你一样那么单纯啊！
啊？单纯？

心怡，我说错了吗？
转头
你少给我不懂装懂了！我可是在思考着很有深度的东西啊！
他又怎么会懂深度这两个字呢？
这……
受地震影响的最深处，
并不是地壳。
啊？
你的意思是，比地壳更深的地方会晃动吗？
嗯，地震能量是以称为地震波的波动形态向外扩散，有时也会穿过位于地壳下面的地幔与地核，传递到地球的另一边。
真的？
嗡
嗡
也就是说，我可以感受到发生在地球另一边的地震啰？

表面波

并不是全然如此。虽然有通过地球内部的地震波，同时也有只沿着地球表面传播的地震波，也就是俗称表面波的 L 波！
当实际地震发生时，这种 L 波会带来最大的伤害。

只沿着地球表面传播？
刚才不是说地震波甚至能够穿透地核的吗？

穿过地球内部的地震波是另外两种。
就是 S 波和 P 波！
S……P……那……那是什么？

S 波和 P 波是往地心方向传播的地震波。其中，S 波是一种横向波，只能够通过固体。
但又称纵向波的 P 波，却能够在固体、液体和气体内传播。

嗯……嗯。

每个人都变得
好认真哦……
呆。。。。。。

我们来进行能够抵达地球最深处
的地震波实验，你们觉得呢？
大家都非常
专注……
你的意思是要进行
在地震波中能够抵
达地球最深处的 P
波实验，是吗？
P 波实
验……

那我也要专注！
睁大两只眼睛！
紧握！

我也赞成！
扭动 扭动
S 波是横
波，所以
往横向
移动。
嚓！
而 P 波是
纵波，所以
往纵向移动，
对吧？

那我们只要使用像 P
波一样往纵向移动的
物体就可以啦！
啊……

小宇，像地震波这样的波动，并不是物体本身的移动。
还有 P 波的传播方向也不是垂直的纵向……
哈哈哈哈
是……是吗？果……果然是有着这么深奥的意义！
不要再装懂了，少说两句吧！
那波动是指什么东西在移动啊？
这……这个……
其实我也不知道。
嗯……
完全不解
似懂非懂
一知半解
大家听清楚。
由于时间不多，我就只讲重点。
嗯？
啊？
弹！

现在我们的眼前有
一个平静的湖面，
湖面上漂浮着
一片树叶。
你在说什么啦？
哪来的湖？
天啊！
真……真的
出现了！
哇啊！
假如我拿起一块石头，
投向树叶旁边的话，
接着会发生什么事情呢？
嗖……

当然是……

平静……
扑通

当把石头投向平静的湖面时，
涟漪便会以石头落下的地点为中心，往四处扩散开来。

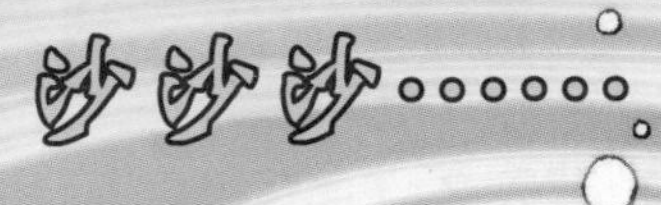
就像这样！
沙沙沙……

没错！把物体丢入水中时，便会产生涟漪！
啊……

这涟漪就是波动。
那树叶呢？
尽管涟漪会渐渐扩散到远处，但水本身只是上下起伏并停留在原地。
假如涟漪波是水往旁边移动的话，树叶就应该随着涟漪漂动才对吧？
嗖
扑通
波涛
树叶随着涟漪漂移？
×
漂……
漂……
但是树叶只做上下振荡，并没有往旁边漂移。
扑通
波涛
波涛
树叶只会上下振荡，并不会往旁边漂移！
○
波动的产生是因为其中有一点受到扰动，因而周围的物质跟着动，一个传一个，便形成了波动。且此波动只传递能量，并不传递物质。
而传递波动的物质，我们称为介质！
介质？
波动是能量通过介质来传播，而不是介质本身随波前进？
现在，
我来示范纵波和横波的不同点给你们看。

首先，假设我的手上
拿着弹簧。
沙沙……

弹簧，出现吧，
出现吧！看到了！

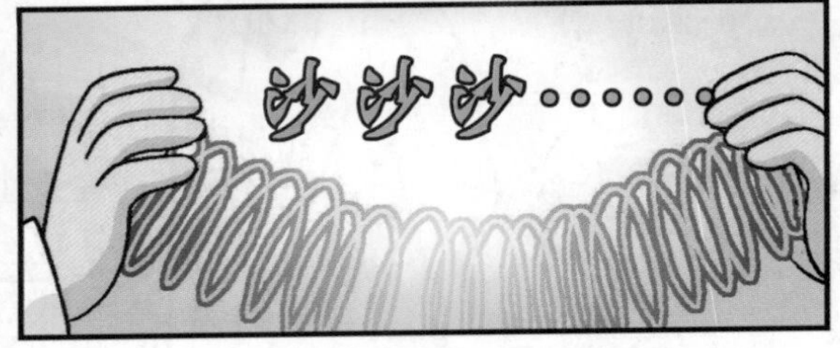
沙沙沙……

把这弹簧作为介质，
传递波动的方法
有两种。
传递波动
的方法？
蹲……
我现在就来示范，
请你们好好观察接下来
两种波动的形状。
首先是往上下或左右振动
的横波，又称高低波！
嗖
锵……
嗖
锵……

当把弹簧往上下或
左右方向摇晃时，
弹簧的形状会改变，
同时会传递能量。
锵……
锵……
锵……
那就是
横波？
就像这样，
横波是介质的振动方向与波
的行进方向呈垂直状态。
波的行进方向
介质的振动方向
地震的S波也是
呈现地壳往前后
或左右方向振动
的状态。
难怪把S波
又称为横波！
这种振动的形状
似乎很常见呢！
彩带、绳子、
响尾蛇……
砰
嘶

搔头 搔头
那纵波又是如何传播的呢？如果不是往前后左右方向振动的话……
到底是如何？
这次我要示范纵波给你们看。
啊！
啪
当把弹簧前后压缩后放手时，波动通过收缩和扩张来传播！
锵锵锵
锵锵锵
弹簧呈现松紧的变化，通过伸缩来传播能量！
锵……
锵……
波动的行进方向
介质的振动方向
纵波是通过弹簧收缩或伸展程度的改变而传播的，又称为疏密波。
不同于横波，纵波的行进方向和介质的振动方向是平行的！

所以，
P 波属于纵波。
S 波（横波）是通过介质与传播方向垂直的振动来传播的。
波动只会透过介质传播，但不会使介质随波前进。
P 波（纵波）则是通过介质与传播方向平行的振动来传播的！
现在……
了解了吗？
呼呼……

嗯！
当然啰！

比赛时间所剩不多了，
都怪我们平时不认真……
嗯哼！
我……我只是还没读到这里……
真是的……
惭愧
我也是……

不。
我只是扮演好我的角色而已。

你们只要做好你们能做的事情就好了。
我们就是靠这种模式过关斩将的。
咚
过关斩将？

哇啊……
没错！
如今……
我们在不知不觉中，
已经来到全国大赛
决赛的门口了！
久万小学
紧张！
而且我正站在
这个舞台上。
哇啊……
黎明小学
哇啊……
士元加油
冲啊！迈向决赛！
黎明小学
加油
大家都在期待着
我们的实验。
紧张……
我真的没有想到……
紧张……
呼……
我来重新整理一次。
地震发生时产生的
地震波……
啊！
紧张！

分为沿着地球表面传播的L波、通过地球内部传播的S波和P波，
其中能够抵达最深处的地震波，是又称为纵波的P波！
L波
地壳
地幔
S、P波
核
P波
也就是说，进行P波有关的实验，就能符合比赛的主题啰！
啊！P波不是可以在固体、液体及气体中传播吗？我们就来利用这一点好不好？
那……在真空状态下呢？
啊？
你不是说P波可以在固体、液体和气体中传播吗……
那在真空状态下会怎样呢？
无法传播。

那……
那么
声音呢?
啊?
啪!

声音也无法在真空状态下传播！所以，它是以空气作为介质，对吧?
我在艾力克的音叉实验中，
是这么听来的！
嗡嗡……
嗡嗡……

对呀！因为声音也是以空气为介质来传播的，
所以……
啊!

没错！
声音也是波动！

而且声音的波动
形态也是纵波！

和 P 波是相同的传播方式！
咚

那……那么……

把“有深度的地震”
的比赛主题……
设定为 P 波
（纵波）——

然后进行和 P 波相同的
声音相关实验……
嚓

有深度的地震……
P 波……
现在该……
还有声音？
决定了！

我们的实验是……
抬头……

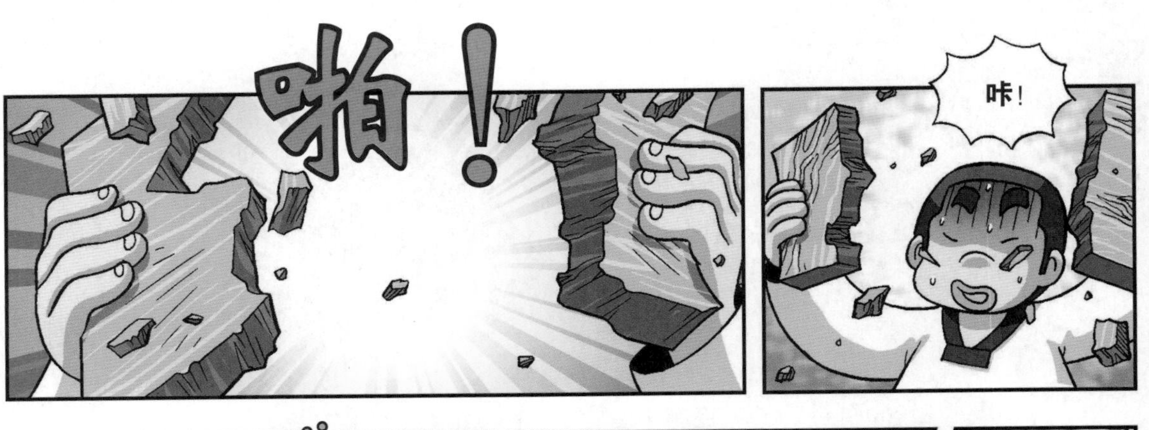
啪！
咔！

沙沙沙沙沙……
全身颤抖

石化
转头

砰！
哎呀！

嘻嘻嘻嘻
已经连续击破三个小时了！
我……还活着吗？
太完美了！太棒了！我们的小倩终于回归了！
嚓！
哈哈哈
哈哈

今天是那家伙比赛的日子，你却在这里练习，该不会是……
没错！社长！
拿起

我跟小宇谈过了！

你……你谈什么了?
点头
嗯!
我真的不知道你那么崇拜我呢!
跟小宇的谈话
1
打造更完美的林小倩
哇!小倩,你好厉害!
只要我变成更厉害的女孩,小宇也一定会……
握住!
小倩!

我要向如此勇敢的你致上最高的敬意!
你终于决定振作起来了!
啊?

即使崇拜小宇这种人,也能振作起来!
你这是什么意思?

假如以后那家伙故意回避你，或者装作不认识你，你可千万不要放在心上！
因为男孩知道有人崇拜自己后，通常都会有这样的举动！
小宇会回避我？
慢着！
叮
现在的你可是终于脱离小宇的阴影，重获自由的林小倩了！
也就是说，小宇和我从此……
小倩，对不起！我还有事……
嗖嗖嗖
咿咿咿咿

改变世界的科学家——德布罗意

德布罗意 (1892—1987)
奠定量子力学基础的物理学家。

德布罗意（Louis de Broglie）是法国的物理学家，他证明了所有物质不仅具有粒子性，也兼具波动性，奠定了量子力学的基础。

17世纪，牛顿提出“光是肉眼看不见的粒子的流动”，使得光的“粒子说”成为主流和权威学说，统治长达一百多年。后来英国物理学家罗伯特·胡克提出了光的“波动说”，惠更斯（发现光由波动来传播）与托马斯·杨（做成光具有波动性质的关键性实验）等诸多科学家相继提出光的波动理论，引发了科学家们对于光本质的纷争。直到爱因斯坦提出光既有粒子性又有波动性的“光的波粒二象性”，才终于使大众接受光具有双重特性。

接着，德布罗意进一步发表更新的物质波理论，他认为不仅光具有双重特性，由原子构成的所有物质都兼具粒子性和波动性。根据德布罗意的物质波理论，像人类或汽车一样的物体，在运动的过程中虽然具有波动的性质，但由于此时的波长远小于微小粒子所产生的波长，因而让人无法感受到波动的性质。这项“一物质同时兼具粒子和波动”的主张，解开了电子、中子等无法以古典力学理论说明的微小粒子的运动之谜。

据说，当德布罗意的介绍物质波理论的论文《量子理论的研究》出版后，爱因斯坦给予热烈回应，并以一句“他揭开了宇宙的秘密”，强调德布罗意的成就。此外，德布罗意也因为这项物质波理论，荣获1929年诺贝尔物理学奖。

博士的实验室1

光的速度

在相同介质和条件下，速度最快的就是光！

光行走一年的距离称为一光年。地球至太阳的距离约为 1.5 亿千米，若以光速行驶，从地球到太阳只需花费 8 分钟左右的时间。

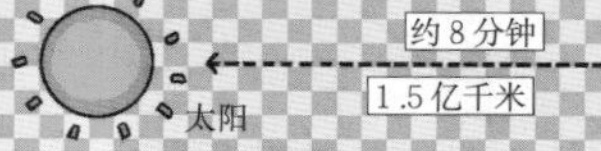

首位尝试测光速的人是伽利略，但第一个成功在地球表面测得光速的人是法国的物理学家菲佐，菲佐在 1849 年所测得的光速，与目前公认的光速非常接近。

第三部

焦虑不安的观众

嗡嗡……
嗡……
嗡嗡嗡……
嗡嗡……

嚓
嚓
放……
好的！久万小学的
实验要展开了。
点头

两所学校光是在讨论上都花了不少时间呢！
是的。
可见这场比赛的主题的确有一定的难度。
点头
是的，我认为关键是双方如何解读这次的比赛主题："有深度的地震"。
久万小学的实验到底会是什么样的内容呢？
我认为目前还有待观察……
哼……
嚓……
咦，那是？

地震仪！
看起来像是在制作地震仪！
咚……
地震仪，
不就是用来侦测地震的震动和记录地震波的仪器吗？
是的！通过记录地震仪的地震波来测量地震的强度。
以一般表示地震强度的震级来说，地震波的振幅越大，数值就会越大。
我想久万小学的结论是利用地震波的振幅，
将地震波的振幅解读为实验主题“有深度的地震”。
我认为这挺符合比赛主题的呢！

面对如此有难度的比赛主题，竟能够构思出如此了不起的实验……咦？
挤压
挤压
挤压

请问那些附在签字笔上的东西是黏土吗？
拿起

是的，这些黏土在地震仪上可是扮演着非常重要的角色。
请问黏土到底扮演着什么样的角色呢？

试问，当发生地震导致地面上的所有物体晃动时，
地震仪该如何保证其数值正确呢？
抖抖抖
抖抖抖
轰隆隆隆

那就需要一个即使发生地震也不容易晃动的物体啰！
飘
飘
轰隆隆隆

是的！那就是悬吊在半空中的签字笔。
问题是——
晃来
晃去
咿呀
咿呀
这签字笔也是靠绳子来连接的，因此震动还是会传送的。
所以！
沙沙
把这些黏土
抛
晃来
晃去
沉重
贴附在签字笔上，就能够使其惯性变大了。
惯性……
刹车
叽咿咿
加速
噗嗡嗡
是的！
是“运动中的物体想要持续维持运动状态”的性质吗？
同样，静止的物体想要持续维持静止状态，也是一种惯性。

也就是说，贴附了黏土质量变大的签字笔，在地面晃动时会因为惯性的原理——
而能够持续维持在原来的位置……
嗡嗡
嗡嗡……
嗡嗡……
点头
使得地震仪可以忠实呈现地震的原始震动。
咚……
咦，不过……
地震仪并不是只有一个！

这是因为地震发生时，地壳除了左右振动外，也会上下振动。

轰隆隆……

水平地震仪是用来记录地壳左右振动时的振幅，

而垂直地震仪是用来记录地壳上下振动时的振幅！

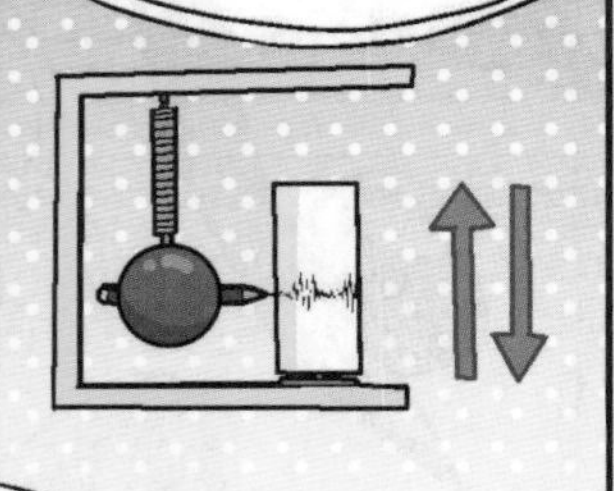

不过……
看起来似乎正在加装什么东西呢！
镜头拍到的画面有点模糊不清……
闷……
呃……那是？
？
抬头
咔嗒
咔嗒

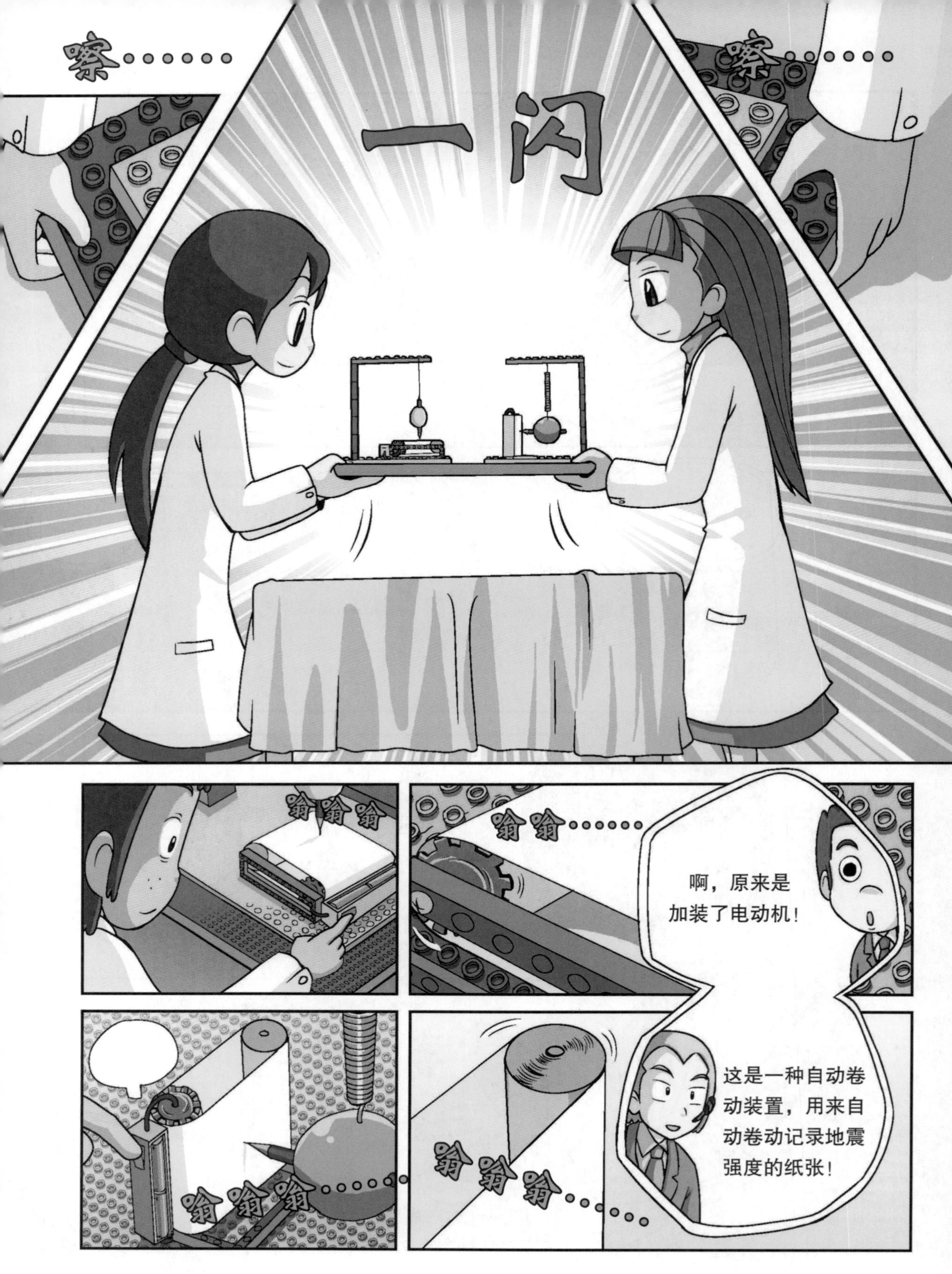
嚓……
嚓……
一闪
嗡嗡嗡
嗡嗡……
啊，原来是
加装了电动机！
嗡嗡嗡……
嗡嗡嗡……
这是一种自动卷
动装置，用来自
动卷动记录地震
强度的纸张！

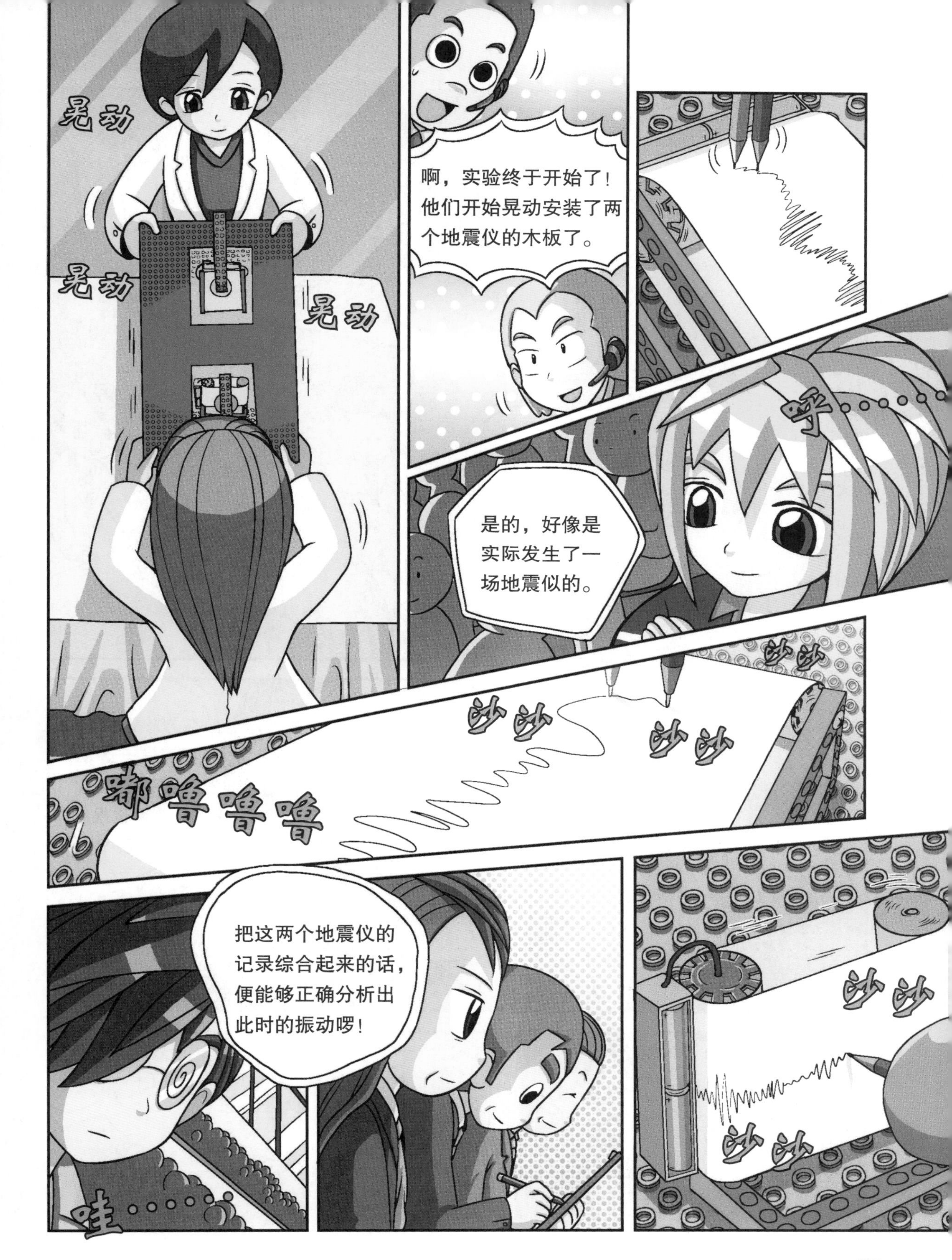
晃动
晃动
晃动
啊，实验终于开始了！他们开始晃动安装了两个地震仪的木板了。
呼……
是的，好像是实际发生了一场地震似的。
沙沙
沙沙
沙沙
嘟噜噜噜
把这两个地震仪的记录综合起来的话，便能够正确分析出此时的振动啰！
沙沙
沙沙
哇……

呜啊啊啊啊
……
哇啊
哇啊啊
真是太惊人了！这简直是一个可媲美真正地震仪的装置！
是的，这可是一个既能诠释今天的比赛主题，又能把它完美呈现出来的高水平实验！
几乎无可挑剔！
久万小学实验社不愧是一支夺冠热门队伍，今天也果然展现了……
叽咿咿咿咿

这声音是……
转头
嗡嗡……
嗡嗡嗡
嗡……嗡嗡嗡……
嘻！
嗡嗡
嗡嗡嗡嗡
嗡
嗡
嗡……

抓！
我不是交代过你，
实验开始后才能
敲响的吗？
抖抖抖抖抖
你在干吗？

我……是……在……
测……试……
抖抖
抖抖
你……帮……
帮我一下……

我真是
服了你了。
抓！
停住

嚓！
准备就绪！我们
也开始进行实验吧！
太好了！
小声一点！
你想害我们被扣分
是不是？
再等
一下哦！
气
炸

先把木屑倒进亚克力管里面……
呼嘟嘟……
你说之所以使用木屑是因为它的密度很小，
所以易于观察波动的变化，对吧？
呼嘟嘟
嗯！
装完木屑之后，用盖子把亚克力管封住，
盖
接着将亚克力管横向轻轻摇晃，使木屑呈均匀平整状态。
摇晃
摇晃

现在将亚克力管放在支架上面使其固定……
拿起
放
放下
咔嗒
哇……
这两个人……
宛如相识多年的青梅竹马，还真有默契呢！
哈……
你说什么？
扰……
压紧……
气炸！

心花怒放……
大功告成了！
天啊！
心怡笑了……
点头

我的心快要碎了！
跌坐
难道这就是暗恋所带来的痛苦？
痛苦？
小宇！
你听到了吗？
心痛

有……有！
嚓！
终于轮到我了！
200Hz
你现在的角色非常重要，一切就靠你啰！

今天实验的关键时刻！
我就是在
等这一刻！
呜呜呜呜呜呜呜
呜呜呜呜呜呜呜
当
咚、……
纵波的形状，
请大家拭目以待！
叽咿咿咿咿
嗡嗡……
嗡嗡……
嗡嗡嗡……
嗡嗡嗡

嗡嗡嗡
嗡嗡……
嗡嗡嗡……
嗡嗡
嗡嗡……
200Hz
嗡……
嗡嗡嗡……
嗡……
嗡嗡……
沙沙沙沙沙沙
嗡嗡……

嗡……
紧张……
嗡嗡……
嗡……
嗡嗡……
沙沙沙沙沙沙
嗡……
嗡
嗡嗡
木屑……
沙沙沙沙
动了！
哇！

成功了！
这就是康特实验！
哈哈哈
发飙
是“孔特”实验！
管他是康特还是孔特！
差很多好吗？
总之，就是通过声音的传播来呈现纵波就对了！
嗡……嗡嗡……嗡嗡……
这并不像你讲的那么单纯。
你仔细看看木屑，是不是产生了一定的间距？就像波动的“波峰和波谷”那样。
孔特就是以这个间距测出了声音的波长。
波动
木屑

波长……
你指的是在波动中，波峰和波峰或波谷和波谷之间的距离吗？
波长
波峰
波峰
波谷
波谷
波长
波动
没错！振动频率变大，波长的……
慢着！
我们何不通过实验来确认振动频率和波长之间的关系呢？
嚓
700Hz
这个主意不错。
就利用这个振动频率更大的音叉！
叽咿咿
200Hz
700Hz

嗡嗡
嗡嗡嗡
波长……
随着振动频率变大……
嗡……
嗡嗡……
沙沙沙
沙沙沙沙
嗡嗡

其间距
反而缩短了！
200HZ
700HZ
依照实验结果来看，
振动频率越大，
波长就会越短啰？
点头

哗哗
哗哗
那是……

哇，好神奇！他们甚至没有用手，单靠声音就让木屑移动了！
哗哗
哗哗

还有，随着改变声音的音调，木屑形状也变了！
这是什么原因呢？

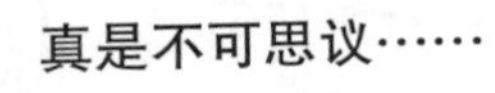
真是不可思议……

不过现在他们进行的是声音实验！
这跟比赛主题有什么关联呢？
也对哦……
纳闷……
……
真的呢……
这是波动！

波动是通过介质的振动，
使能量转移的重要方式。
轰隆
轰隆隆……
电波、磁场波、光波，
还有……
地震的传递，
也都是波动的形态，
声音也是
其中之一！
唰啊啊啊
唰啊啊
波动还真是
无所不在啊！
连电和光都有波动……
我感到十分纳闷的就
是这项声音实验和
“有深度的地震”，
到底有什么关系呢？
呼……

在地震波中，传递至地球最深处的 P 波和声波有一个共同点，
就是两者都以纵波形式传播……
啊？
哗哗
哗哗
这就奇怪了。
哗哗
前几天我们在做波动实验时……
对，纵波和横波！
你不是提过这和比赛主题是没有关系的吗？
哗哗
果然是一项无法获得高度认同的实验。换作是我……
呼
哗哗
大惊
阴森
失色
啊！
我们要懂得深入剖析一件事情的全貌，而不是一知半解。

你们难道看不出这项实验的精髓吗?
起身
由音叉发出来的声音——
700Hz
通过喇叭的扩散，分布在亚克力管的内部。
接着，其振动在空气分子中通过纵波传播。
纵波
密集 疏松 密集 疏松
相反，如果空气几乎没有振动，木屑则会呈现聚集的状态。
此时，如果空气的振动活跃，木屑便会分散，无法聚集在一起。
空气分子
当空气的振动活跃时，木屑便会分散。
木屑
当空气的振动不活跃时，木屑则会聚集一起。
木屑
这就是一个让大家以肉眼确认声音的振动通过空气分子传播的实验!

不过，这一切只是他们想通过此项实验呈现出来的内容的一半而已！

啊？
还有什么？
那……

另外一半就是今天的主题——
有深度的地震！

当地震发生时，传送至地球内部的波动分为两种。
S 波
P 波
其中，能够传送至最深处的地震波就是 P 波。
地幔
地核
P 波
而 P 波——
就是通过这项实验呈现的纵波！

地函
P、S波
地核
P波
这是把这
两个理论，
结合为一体
的实验。
因为在地震波中，
P 波和声音一样同
属纵波，所以……
搔头
搔头
纳闷
通过声音实验
呈现P波的形状？
实验报告书
黎明小学
对于一般人来说，
光是正确地了解一个
原理，就不是件容易的事。
就算很清楚地了解各种科学
原理，但能够从中找出符合
主题的原理并加以联结，
绝对是非常
难能可贵的表现。

懂得扩大科学范围的视野，
以及能够加以联结的思维深度！
达到这个境界，就是
这项实验的精髓所在！
紧握……
唯有了解
其差异性的人，
才能够给出不错的评分。
还真令人迫不及待呢！
咚……

我倒是怀疑这些评审有没有足够的能力去评比其中的差异性呢！
呼呼呼……
呼呼，这一点，我也认同你的看法。
凝视

微波炉的科学原理

微波炉是利用电磁波加热食品的烹饪工具。一般烹饪锅炉都是通过在食物外面加热，让热逐渐传导到食物内部，将食物煮熟的。微波炉的不同点在于，电磁波会先让食物内的水分子产生振动，使食物内外都能均匀受热，借此提升热能的效率，缩短烹饪时间，降低对食物中维生素的破坏。

微波炉的结构

扇叶

由磁控管产生的微波，通过旋转的扇叶均匀分布至微波炉内，碰到微波炉内金属内壁后，经过不断反射再被食物吸收。

磁控管

微波炉的微波产生器，也是微波炉最重要的组件。包含正极、灯丝制成的负极、磁铁以及天线，利用磁场制造出高频率振动的微波。

透视窗

玻璃表面设有黑色的网状金属，用以阻绝微波外泄。

旋转盘

当微波炉启动时，旋转盘便会慢速旋转，以利于微波均匀地传递至食物各处。

TIP 电磁波

不同于声波、水波或地震波，电磁波是一种在真空状态下也能够传播的波动。电磁波依其波长的不同，可分为 γ 射线、X 射线、红外线、可见光、紫外线、微波、电波等，并且在各种领域中被广泛使用。其中，微波炉用以煮熟食物的微波的波长为 100μm~1m，国际上规定家用微波炉的微波波长为 122mm，主要是为了避免干扰通信电波。

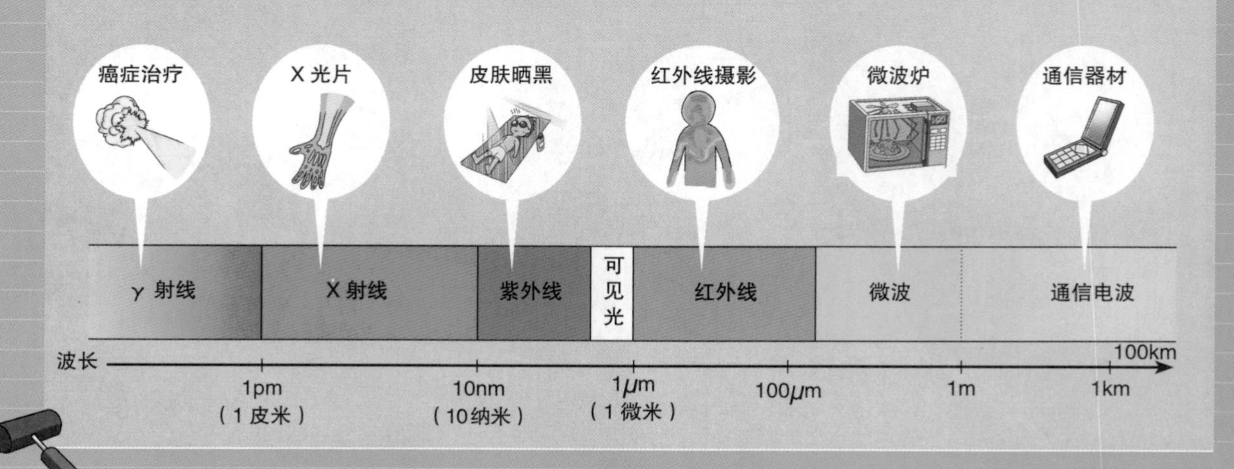

食物煮熟的原理

食物之所以能被微波炉煮熟，是因为微波将食物内含的水分子状态改变了。水分子遇到微波时，就会快速旋转，与周围的分子发生冲撞，产生热能，这些热能就会将食物加热。

加热不均匀

使用微波炉加热食物时，往往会遇到食物表面很烫，但内部却依然冰冷的情况。之所以会产生这种加热不均匀的情况，其原因在于微波并没有均匀传送至食物内部。盐分含量较多的食物、水分含量较少的食物、冷冻食品等，加热时容易出现这种现象。

盐分含量较多的食物

由于带电的离子在表面强烈吸收微波，导致微波无法顺利抵达食物的内部。

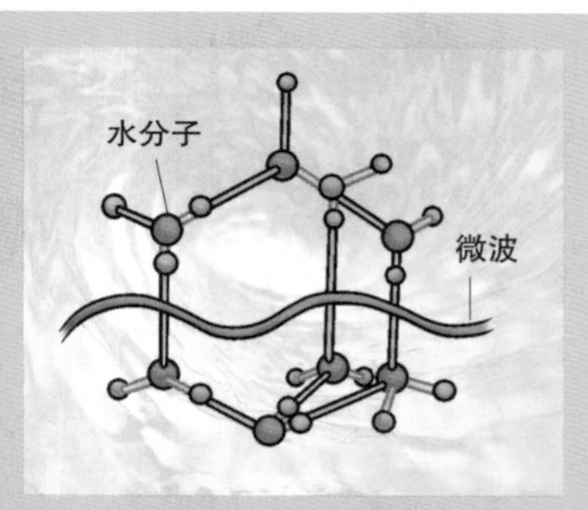

冷冻食品

由于水分子的结合非常紧密，微波难以使水分子振荡，导致需要花较长时间才能将食物加热。

微波炉使用注意事项

由于微波具有遇到金属时会反射的性质，因此不能用来加热以金属容器或铝箔纸包覆的食物。另外，当微波碰到金属时，可能会产生火花，甚至会引发火灾，所以千万不要将金属放进微波炉中加热。

玻璃或陶瓷制成的容器不会吸收微波，所以可用于微波炉。

第四部

评审的决定

难道他们是在每一个人都了解波动概念的情况下，进行了那项实验？
无……
无法置信。
哗哗
哗哗

哗哗
如果真是这样，那我就不得不佩服他们对主题的诠释能力了。
就如校长您所说的，黎明小学实验社的确具有相当可怕的潜力……
哗哗

不，这是不可能的！我一定是在做梦！
而且是一场非常可怕的噩梦！
崩溃！
不要！
太阳小学
黎明小学
哇
哇

轰隆隆
我多年来的成就，竟然会毁于这一刻！
晴天霹雳
您镇定一点！我想他们应该是拿不到高分的。
真的吗？
转头
点头 点头
依照目前为止的各场比赛结果来看，那种实验未曾有过拿到高分的记录。
是的，我敢肯定！
尤其是像他们那样以广义的角度解读主题的实验，通常依评审的主观立场，分数和期待值之间会出现很大的落差。
写写
写写
沙……
沙
嗯……
呼呼呼
而久万小学的地震仪实验，应该可以拿到理想的分数。
那这场比赛……

会心一笑
当然是久万小学胜出！
假如我校实验社在比赛中面对这一类主题的话，我一定会强力推荐像地震仪一样能够稳中求胜的实验，而且会采用更精彩的方式来呈现。

原……原来如此！
稳中求胜，表现得更加精彩……

起身
毕竟是一场以分数高低决定胜负的比赛……
……

他这是什么表情？未免显得太有自信了吧？

毕竟地震仪实验才算符合主题嘛！
我敢肯定获胜者是久万小学！
我也这么认为！

尤其是加装电动机的办法，那可真是一项创举。
看不出来你也颇具慧眼嘛！

我投黎明小学一票！你们两个不觉得他们的实验很有深度吗？
你们这两个笨蛋！
你敢骂我是笨蛋？
你们不是也听到刚刚某人的讲解了吗？

观众开始鼓噪起来了呢！
哗哗
科学本来就很神秘的嘛！
那根本不算科学！
不会吧？我觉得黎明小学实验社的实验更加精彩！
你懂什么啊？
哗哗
呼……

哗哗
哗哗
哗哗
哗哗
天啊！大家怎么变得这么吵呢？
这下我也快要按捺不住了！
就是说嘛！
哗哗
哗哗
什么事情啊？
哗哗
……
是因为我们的实验吗？
大家给我安静！又不是你们在比赛！
引起了大家这么大的骚动……
忍着点。

看来很难期待拿到高分了……
哗哗
哗哗
沉思……
起身
肃静……
缓步
缓步
缓步

从现在起……
正式公布久万小学和黎明小学预赛第三轮比赛——
关于“有深度的地震”的评分结果。
最终分数的计算方式是主审的分数加上两位副审总分的平均值。

首先是针对实验
内容的评分结果。
久万小学
主审 7.5 分，
副审分别为
7 分与 7 分。
久万
主审
副审
副
内容
7.5
7
7
嚓……
点头
嚓！
黎明小学
主审 6 分，
副审分别为
5 分与……
黎明小学
主审
副审
容
6
5
啊，5 分？

接下来是针对实验
态度的评分结果。
紧张……

9.5分！
嚓
6
5
9.5
分数的落差
很大啊！
呼呜呜
呼呜呜

14.5分比13.25分！

久万小学，主审7分，
副审分别为
6分与7分。
嚓
嚓
黎明小学，主审6分，
副审分别为6分与7分。

目前为止，久万小学是 28 分，
而黎明小学是 25.75 分！
……
最后是针对实验报告的评分结果。
紧张……
久万小学
6 分与
紧张……
7.5 分……
6 分！
12.75！久万小学的总分是 40.75 分！
如果黎明小学想要取胜的话……
实验报告就一定要拿到 15 分以上！
紧张

紧张
担心
7分……
紧张
担心
黎明小学……
凹陷
凹陷
请……请你说快一点，好吗？我快要憋不住气了！

全国大赛的决赛门票就在眼前……
紧张
紧张
紧张
拜托！
紧张
7分！
紧张
这分数……
紧张
不要……
我们要……
闷
淘汰了吗？

嚓咯
哇啊啊
哇啊啊！
咚
我……
我……
咚
我的天啊！
9.5
久万小学
黎明小学
主审 副审 副审 总计 主审 副审 副审 总计
7.5 7 7 14.5 内容 6 5 9.5 13.25
7 6 7 13.5 态度 6 6 7 12.5
6 7.5 6 12.75 报告书 7 7 9.5 15.25
哇
啊啊
啊啊
咚咚

那么……
比赛结果是久万小学以总分40.75分
败给黎明小学的41分。
我……我们赢了！
我没搞错吧？
没错！
我们办到了！
心怡！这一切都是拜你所赐啊！
小宇……
惊慌失色！
拥抱

对不起！
害羞
害羞
跳起
我……我因为一时太兴奋了……
没……
没……
我……我这应该不算无礼吧？
转身
我们终于……
哈
办到了！
我们就来一个喜悦的拥抱吧！
拥抱
嗒嗒嗒
你给我放手！
我就是不放，怎样？嗯？嗯？
放手！
哈哈哈哈哈
嗒嗒嗒嗒嗒
哈哈哈！看起来好像安排了庆祝活动哦？
恭喜晋级

姑且不论拿到 9.5 分这么高的分数，单就针对一项实验来说，竟然会出现评审们落差这么大的评分结果，
还真是本届大赛中首次遇见呢！
是的，的确如此。
由于评分标准是既定的，的确不太可能在分数上出现这么大的落差。
关键在于面对如此有难度的比赛主题，每位评审各自的主观判断明显反映在评分上面。
尤其是这场比赛……
点头点头

决定胜败的关键，
就在于评审的个人判断。
老师，我表现得很棒吧？
嗒嗒
嗒嗒
是的，预赛第三轮比赛，的确是一场黎明小学从地震到声音，把他们的实力通过实验展露无遗的精彩比赛。
尽管出现评审彼此之间意见分歧的小插曲。
!

呼
我真的以你们为傲。
就这样而已吗？
撒娇
撒娇
哗哗
哗哗
不过这也给比赛增添了更多的可看性。
的确如此。
我个人倒是很期待黎明小学后续的实验呢！
哗哗
哗哗
哗哗
我也有同感。黎明小学不愧是本届比赛中最耀眼的一匹黑马，我也会持续关注他们的后续动态。

以上是我们在久万小学和黎明小学预赛第三轮比赛现场为大家所做的实况转播。
转身
好玩！
我差点忘了……
顿住
嗖……
……
刚才那个颇具实力的家伙呢……
他应该就是田在远吧？

竟然出现了意想
不到的变数。
我已经忍无可忍了！
咦？
紧握……
我不能再拖
下去了！
我得进行破坏
计划才行！

只要是阻挡在我面前的绊脚石，无论他是谁……
一定要斩草除根，以免后患无穷！
辣炒年糕？汉堡包？比萨？
迈步
迈步

嘻嘻
老师！您可别忘了我是最大的功臣啊，所以您要请我吃三人份才行！

好吗？好吗？
好……好，没问题！不过……你得全部吃光！
喘……
喘
喂，你可以下来了！

您终于出现了，范小宇先生！
咚

怎么样？你终于见识到我的真本事了吧？
呼……
田在远！你是特地来道贺的吗？
跳下
他是小宇的朋友吗？
他好像是去年冠军队伍的……
窃窃私语
今天小倩并没有出现在比赛会场！
您知道这件事情吗？
这……这关我……什……
咚
金牌？这么说小倩她……
您既然收下了小倩最珍惜的金牌，竟然还敢口出恶言！
哐！

喂！何聪明，你很清楚我喜欢的人是谁嘛！
呆
心怡！不是，不是！你不要误会了！
你简直就是三不一没有！不聪明！不关心！不负责！没有概念！
雾水
一头
沉闷

你真的不在乎小倩没有到场为你加油吗？
啊……
你真的对小倩……
表面上看起来似乎没什么……难道她真的受到了打击？
说得也对……
以前我们每次比赛她都到场为我加油。

小宇，我看你先去
办正事好了……
正事要紧。
不……
不要！
那小倩又该
怎么办呢？
这……
这……
老天爷啊，
您就饶了我吧……
懊恼……
一边是心怡！
一边是小倩！
您要我如何
抉择啊！

自制吸管波动装置

实验报告	
实验主题	通过吸管波动装置观察波动现象，借此确认当波动遇到障碍物时会产生什么变化。
准备物品	❶ 四开图画纸 ❷ 吸管 50 根 ❸ 大头钉 ❹ 回形针 ❺ 胶带 ❻ 铁制支架 2 座 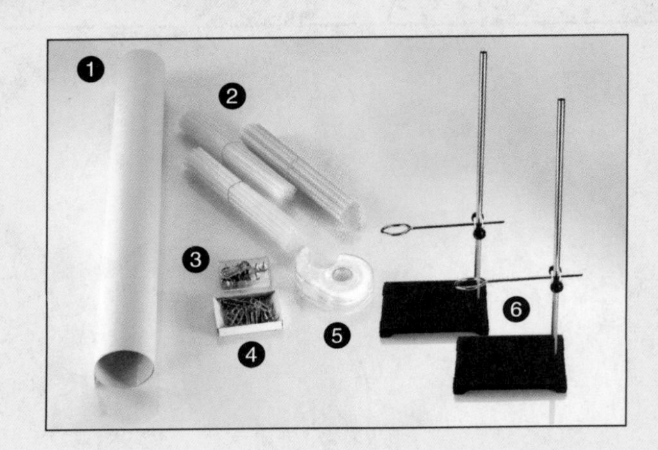
实验预期	由于每根吸管都用胶带加以固定，所以只会传递振动而不会滑动。再者，相比一般的吸管，在两端插入回形针的吸管，波动传递速度会比较缓慢。
注意事项	❶ 将吸管粘在胶带上面时，必须排列整齐，避免倾向一边。 ❷ 若将 10 根相同颜色的吸管连接在一起，比较容易观察波动的动态。 ❸ 将大头钉插入图画纸时，请特别留意，以免扎手。

实验方法1

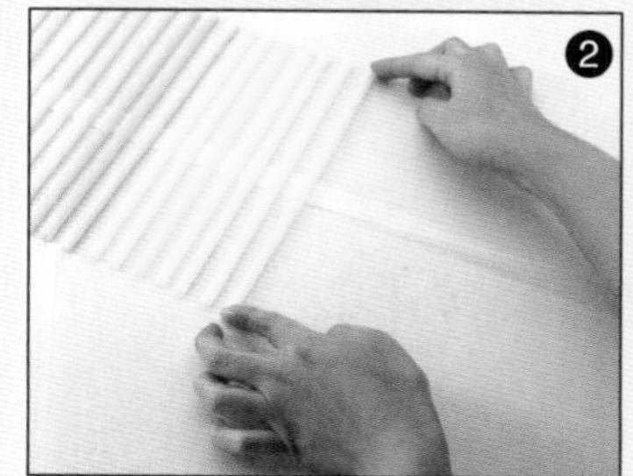

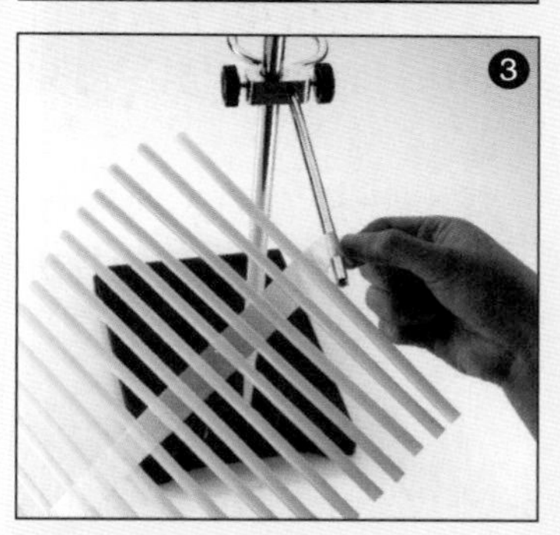

❶ 将图画纸摊开，平放在厚纸板（或橡胶板）上面，接着将胶带有黏性的那一面朝上，再用大头钉固定胶带的两端。

❷ 将吸管以 1 厘米间距粘在胶带上面，胶带两端应分别预留约 2 厘米的空间。

❸ 将胶带从图画纸上拿起，接着将胶带两端分别固定在两座支架上。调整支架的距离，使胶带绷紧。

❹ 轻轻敲打吸管的一端，观察吸管的动态。

实验方法2

❶ 把 50 根吸管固定在支架上，在位于中心位置的 10 根吸管两端分别插入回形针。

❷ 敲打没有插入回形针的吸管的末端，观察吸管的动态。

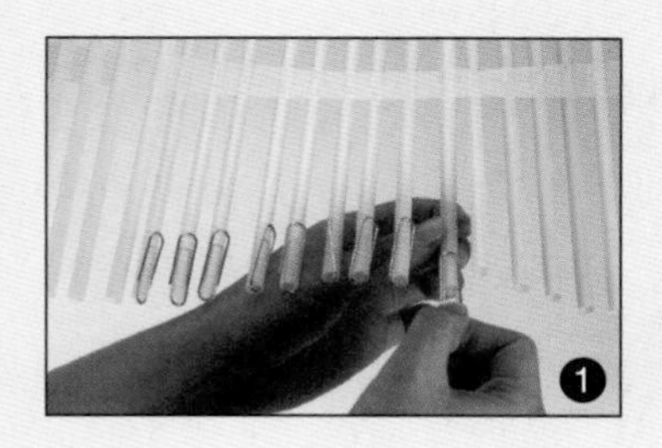

实验结果1

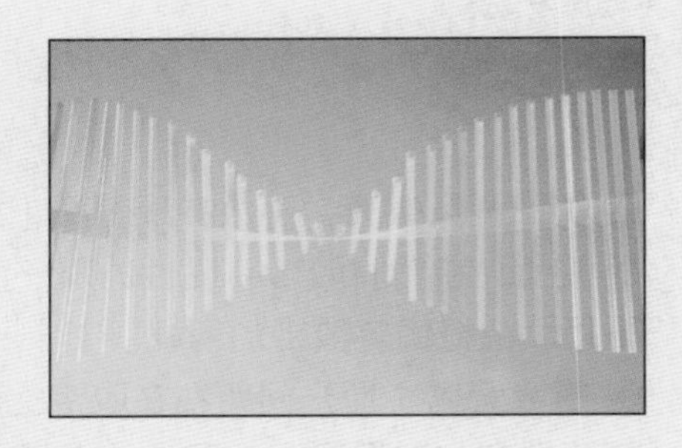

❶ 吸管的振动会沿着胶带以水平方向传递。当振动抵达另一边时，便会折返回原来的扰动处。

实验结果2

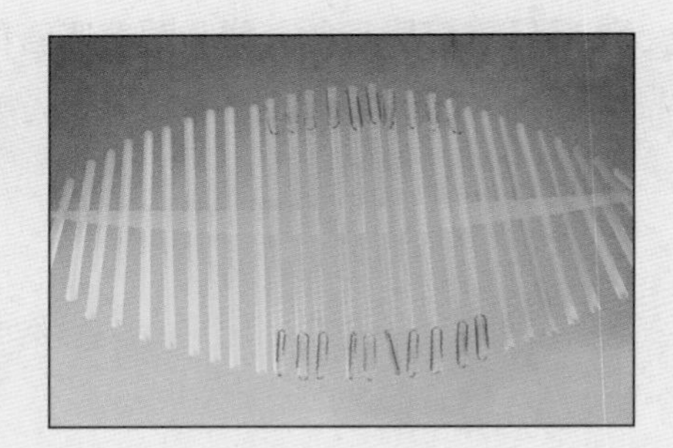

❶ 振动的一部分能量会通过插入回形针的吸管，另一部分能量则折返。

❷ 相比没有插入回形针的吸管，插入回形针的吸管的波动传递速度比较缓慢。

这是什么原理呢?

波动的传播需要通过介质来完成，而且传递波动的介质只会在原位振荡，并不会随波前进。在这项实验中，吸管就是传递波动的介质。

波动具有反射、折射、透射、衍射、干涉等各种性质。以实验方法2为例，部分振动无法通过插入回形针的吸管而折返，显示了波动的一项性质——反射，也就是当波动遇到其他介质时，其全部或部分能量会折返。而这样的反射性质常被运用于通话或网络的光纤通信、探测海底地形或拍摄人体内部的超声波等。

博士的实验室2

多普勒效应

救护车的鸣笛声中可是隐藏着重要的波动定律。

救护车的鸣笛声之所以会随着靠近或远离而产生音调变化，是因为多普勒效应的缘故。

当救护车（声源）靠近时，由于波长变短，听起来变成高音；远离时，由于波长变长，听起来变成低音。

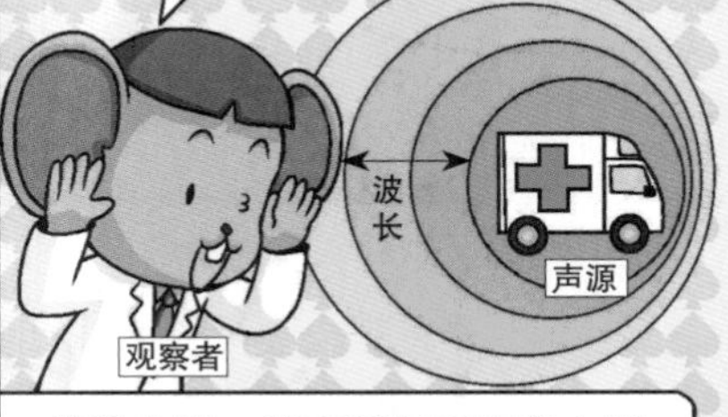

就像这样，当声源与观察者之间存在相对运动时，观察者所听到的声音的频率会不同于声源所发出的频率，这种现象称为多普勒效应。

第五部

小宇的真心

《金丝猴大冒险》新书发表
噗嗡
噗
食神小吃
噗
趁食物还没上桌，我来跟大家说一下后面的赛程。晋级决赛的队伍会在三天后全部出炉。
总共会有四支队伍，每一队要与其他三支队伍各进行一场比赛。

队伍	胜负差	总分	名次
A 队	2 胜 1 败	201 分	1
B 队	2 胜 1 败	200 分	2
C 队	1 胜 1 败 1 和	190 分	3
D 队	1 和 2 败	188 分	4

但绝大部分的人会留下来参加
主办单位所安排的各项课程。
课程？
你们可以留下来听取
知名科学家的演讲，
也可以参加自由实验
竞赛和户外学习课程。
啊！同时也安排了可舒
缓压力的瑜伽课程。
啊啊！我好想
全部都去参加！
兴奋……
这下我得努力
奔波了！
晋级决赛的队伍可享受
的优惠还真不少啊！
我连做梦也
没有想到呢！

对不对，
小宇？
心神
对，这不
是梦吧？
不宁

你怀疑啊？让我捏你
一下你就知道啦！
捏

拉拉拉
呜呜
嘿……
各位的点心要上桌啰！
肉包！
比萨！
炸鸡！
喂，你没事吧？脸颊不会痛吗？
恍神！
嗯？
啊，好像有那么一点痛……
哈哈
自从刚才遇到那个人之后，小宇就突然变得怪怪的……
那小倩该怎么办呢？
你给我少管闲事！
嗒嗒嗒
来，今天是值得庆祝的日子，大家尽情享用吧！

啊，老师。
我要先告辞了。

啊，好！
你说你要赶去医院，是吧？

是。
起身

对啊！自从上次病倒之后，你就没有好好接受治疗了。
你千万要照顾好自己啊！

哈哈
没错，现在最重要的是照顾好身体。
你要好好照顾自己哦！
惊慌
惊吓

啊！炒年糕都快凉了。
小宇，你来吃一口。

谢谢你，心怡！
你不愧是……
啊
哇
嘟嘟
天使！

这小子……
该不会是挂心
刚才的事……

小宇！那……
那是叉子……
叉子？
有这种点心吗？
咀嚼
咀嚼
等……
等一下！
起身

老师，我想去一下厕所！
在我看来！
小宇好像又要
拉肚子了！
他们两个不愧是难兄
难弟啊，竟然连大肠的
变化都能察觉到！
……

噗嗡……
嚓
嘿……
我拉肚子了吗？
你既然这么放不下心，又何必跟过来呢？
你干脆……
直接过去找小倩嘛！
反正你是冲着心怡来的。
我也很挣扎。
既然决定要跟同伴在一起，你就应该把心收回来才对吧？

什么意思？

就算我去找小倩……
又能做些什么呢？

顿住
你……
你可以……
我总不能跟她说：“对不起，虽然我不喜欢你，但你不必为此感到气馁……”
啊！

哗啦啦
我会尽快
赶回来的。
点头
嗯？他们
不是要去
厕所吗？
噗嗡
噗
小倩？
也对，小倩
也是……
这表示他虽然嘴上不承
认，但内心还是很在意
小倩的感受……
果然是因为
小倩？

所以这表示你还没有
定下心……
噗……
噗嗡
不！我心已定！
就如你
所知道的……
小宇喜欢的
人是？
我喜欢的
人是……

噗嗡嗡
噗嗡
当当当
噗嗡
噗嗡
当当当
噗嗡
怦怦
噗嗡
怦怦
滑落

哐啷啷
啊啊……
怦怦
杯……
杯子……
怦怦
怎……
怎么办……
怦怦
怦怦
心怡，你没事吧？
你有没有受伤？
跑跑跑
抓

怦怦
小心一点！你不怕这样会受伤吗？
怦怦
怦怦
！！
没错，这样太危险了。你别担心，这些我来处理就好了！
你们没事吧？
怦怦
怦怦

不好意思。
我好像是被摩托车的声音给吓到了。
扫扫
没关系。
抽回
我真没用，竟然被摩托车的声音给吓到，真是的……
……

不，声音的确很吓人。
那是一部改装过消音器的摩托车，声音的确很大。
转身
缓步前进
枪支消音器?
噗当当
围巾
噗当
顿住
石化

消音器是用来降低排气管噪声的装置。
噗嗡
噗嗡
笨蛋，不是你想的那个！
转头
消音器

你的意思是说，经过改装后，就可以发出更大的声响啰？消音器是怎么运作的呢？
这个嘛……
噗嗡嗡
呼呼

你们还记得今天我们做过的实验吧？
噗嗡
噗

当然记得啰！
地震实验……
啊！

不对！
应该是声波实验！

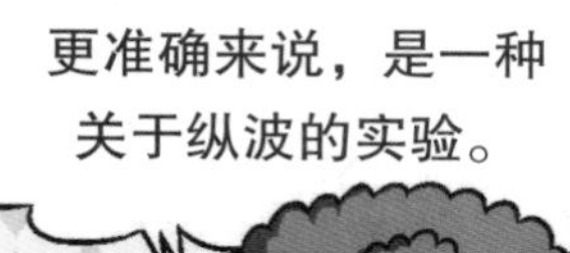
更准确来说，是一种关于纵波的实验。
哐当当
咚咚
密集 疏松 密集

没错，我解释过，就像弹簧的纵波通过压力差传播能量一样，
声音是纵波，通过空气的压力高低分布不同而传播出去。

不过，如果两个具有相同振荡频率的声音相遇，会产生什么样的效应呢？
噗……
噗嗡

咚咚
当然是声音也会放大两倍啰！
咚咚
咚
咚咚
咚咚

我说错了吗？
没错，因为1加1等于2嘛！
啊……
点头

当两个声波彼此重叠在一起时，声音或许会因此而变大……
疏松
密集
疏松
更加紧密
差异性消失
但如果是另一种情况，当密集的部分和疏松的部分相遇时，波动会不会变得不一样呢？

波动会变得不一样？这么说来，声音有可能会变小或消失啰？
咚咚咚咚
宁静
点头
没错！
当波动重叠时，声音有时会变得更大；有时也会变小或消失。
我们称之为波动的“干涉”现象。
破坏性干涉
建设性干涉
什么？
好吵哦！
尤其是像各种声音汇集的表演厅之类的场所，设计空间时必须把干涉现象考量在内，才能够将声音均匀地传递到每一个角落。
那我问你……
设置在道路旁的隔音墙，也是利用了干涉现象吗？
噗嗡嗡
嗯，有些隔音墙的构造可以直接吸收声音，但有些隔音墙的设计原理，却是让穿透隔音墙的声波彼此干涉，而使声音变弱。
火车轨道下面之所以铺设碎石，也是为了经过多次干涉，达到破坏火车噪声的目的。
消音器也是同样的原理！

第1道
第3道
第2道
没错！干涉现象也应用在消音器上。
怎么应用呢？
消音器的内部呈弯曲的结构，以便废气经过数个阶段往外排出。
当废气和声波进出布满小洞的气室时，来自气室的声波高压部分会与气室外部的声波低压部分彼此抵消，所以音量会减弱。

不过！
不是也有为了让声音扩大而改造消音器的情况吗？
噗嗡
噗嗡
真是吵死人了！
叽咿

通常改造车子是为了提升引擎的性能，
不过也有些人是因为喜欢大的引擎声而改造。
嘟嘟嘟嘟
嘟嘟嘟嘟
啊！这美妙的排气声！
真是气死人了！
气炸
大叔！你这辆车也太吵了吧？这可是严重的噪声！
嘟咚
嘟咚
嘟咚
嘟咚
嘟咚
什么噪声啊？这可是不亚于交响曲的美妙声音呀！

噪声的定义，可能会因为人或状况而有所不同。
譬如说，有些人认为很动听的声音……
也有可能会让另一些人感到很不舒服。
呼噜噜 嚼嚼
啊，我懂了！最佳的例子就是……
呼噜
哼
比赛时为我们加油打气的声音，对我们而言会是一种动听的声音，
但对手听起来就是一种噪声！
啊
真的很贴切！
噗
噗嗡
啊……

或许……
心怡！你就拿我这把雨伞，你可以不必还我。
对心怡而言……
士元！
心怡！
追随
我来帮你！
我们竟然在这里相遇！
这可是命运的安排啊！
嗯。
我讲的每一句话……
听起来都像噪声……
叹气

叹气

没错！
小倩也总是喜欢
躲在我的背后。
小倩！
范小宇，
我会罩着你的！
就如同我守护着
心怡一般……
小宇你可以的！
总是为
我加油
打气！
我真的很喜欢你！
小宇！
小宇。
小倩和我是……
波动不能直接传递物质，仅能
传递能量。基于这一特征会产
生各种现象，请你们各自
举一个例子，好吗？

好！它如同声音一样，不仅能够反射，也能够彼此干涉！
反射
干涉
点头
以光为例，我们可以得知它具有折射和透射的性质。
因为光也是一种波动。
折射
透射
没错。除此之外，还具有很多重要的性质！
波动的性质……
啊，我想到了！那时在“看不见的传播”比赛中进行的声音实验也是
当……
嗡
嗡
利用不直接接触来传递声音的性质。
嗡嗡
嗡嗡
440Hz

当我敲响
音叉时……
位于旁边具有相同振荡
频率的音叉也跟着一起
作响，那好像叫作……
嗡嗡嗡嗡嗡……
嗡嗡嗡嗡嗡
440Hz
440Hz
共……共振？
点头
没错！共振！

啾啾……
啾啾
啾……

艾力克！
抱歉，抱歉！
我来迟了吧？
嗒嗒
嗒嗒

你等很久了吗？
还好。
我们就直接
进入主题吧！

没问题！
你主动打给我并且
表示愿意接受我的采访，
可真是明智之举啊！
我保证会以既华丽
又动人的报道内容
来回报你的！

我想你似乎误解了
我的用意哦！
我的用意可
是在于互助
合作呢！
沙沙
啊！这……
这是当然的啰！
人本来就是要懂
得互相帮助嘛！

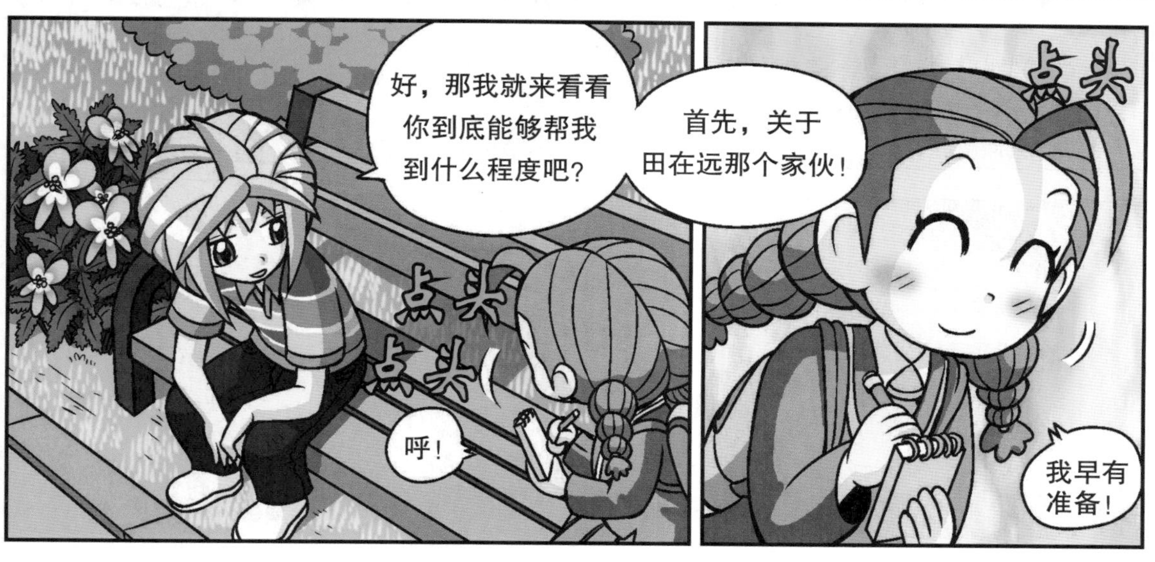
好，那我就来看看
你到底能够帮我
到什么程度吧？
点头
点头
呼！
首先，关于
田在远那个家伙！
点头
我早有
准备！

让我感到好奇的，

是关于一名世界瞩目的科学天才失踪的故事！

而这个人现在却沦落到在这里参加一场小学级的实验大赛，为什么呢？

我想知道你参加这次大赛的真正理由。
咚……
……
唯有你坦白告诉我你的弱点……
我只愿意告诉你对方的弱点！
沙啊啊啊
我发现大新闻了！

孔特实验

实验报告	
实验主题	利用电子式孔特实验装置，观察声音通过空气（介质）传播的过程。
准备物品	电子式孔特实验装置 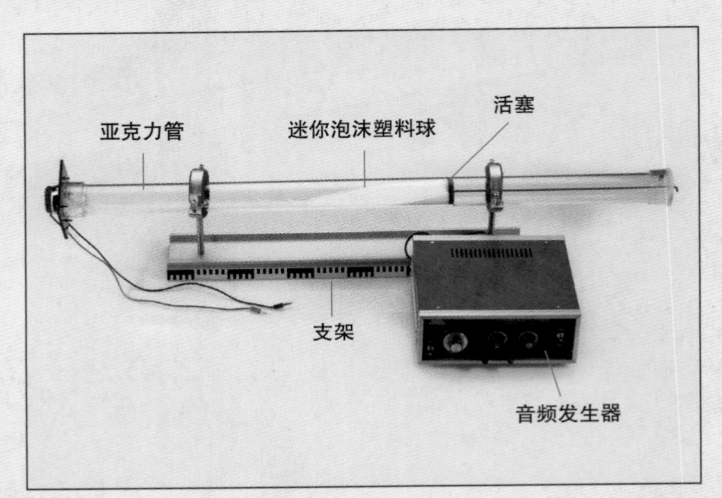
实验预期	❶ 当启动音频发生器时，亚克力管内的迷你泡沫塑料球的形状便会改变。 ❷ 当改变音频发生器的频率时，亚克力管内粉末的形状便会随之改变。
注意事项	❶ 操作电子式孔特实验装置时，须由大人陪同。 ❷ 切勿吸入迷你泡沫塑料球。

实验方法

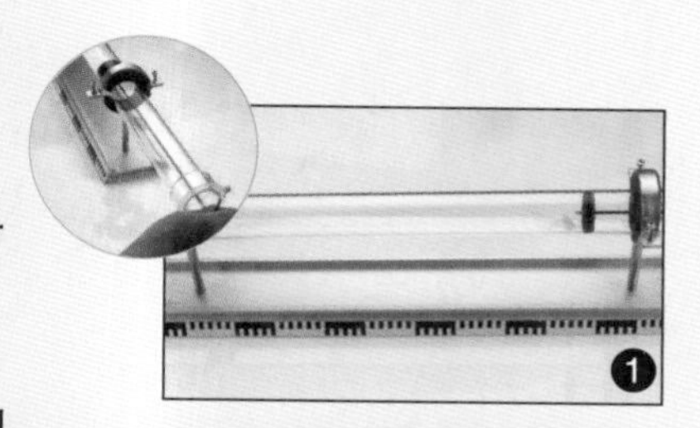

❶ 摇晃亚克力管，使管内的迷你泡沫塑料球呈现平整的状态。

❷ 将音频发生器和亚克力管一端的喇叭连接后，开启电源，将频率调整至300~400Hz（赫兹），并找出能使迷你泡沫塑料球弹高的共振频率。

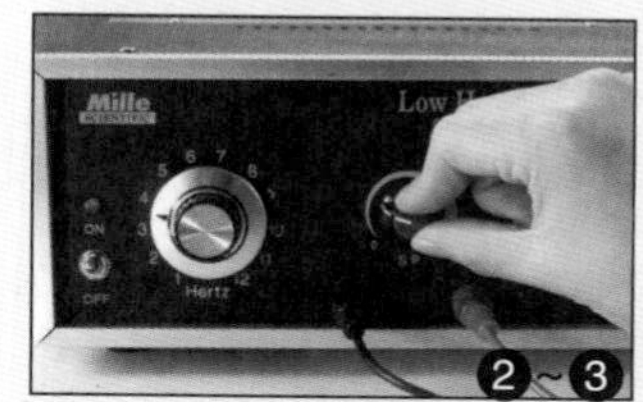

❸ 逐步调高喇叭的音量，观察亚克力管内粉末的动静。

❹ 将音频调整至700~800Hz，以相同方法进行实验和观察。

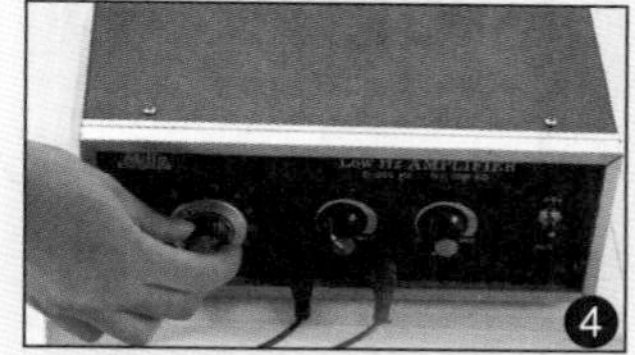

* 频率音量的 1 指 100Hz

实验结果

❶ 迷你泡沫塑料球会以固定间距的条纹形状弹起。

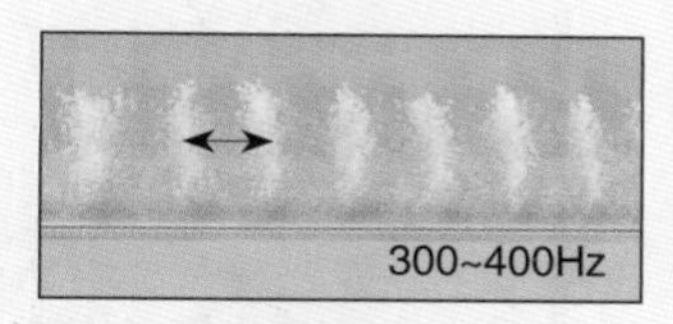

❷ 当调高音频时，迷你泡沫塑料球的条纹间距便会缩小。

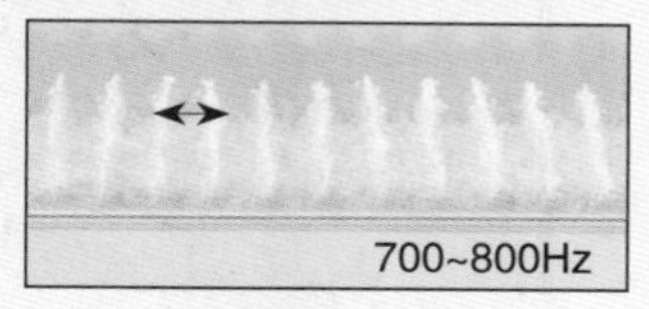

这是什么原理呢?

声音是通过介质传递的波动，是空气（介质）反复前后收缩和膨胀而传播的纵波。如上述实验所示，迷你泡沫塑料球之所以会有着固定间距的排列，且呈垂直方向弹起，原因在于音频发生器所发出的频率，在亚克力管内能形成空气柱的共鸣。其中，迷你泡沫塑料球条纹间距的2倍是声音的波长。由此可知，频率越高则波长越短。

第六部

心中的频率

440Hz
440Hz

锵锵
咿呀呀呀！
跆拳道室
锵锵
咿呀！
啪啪
啪
啪
啪
啪

小倩应该没事吧?
我的手快断了!
剧痛

抖抖抖抖抖
时间还早!
赶快把剩下的木板
统统给我拿过来!
怒气冲冲
燃烧
燃烧
燃烧
燃烧

咔嚓
再高一点!
再高!
社……社长!
惊恐万分

社长，你快想想办法!能够劝阻她的人只有你了!
都是你!没事干吗去惹火一只正在睡觉的狮子呢?
嗯。

微笑
这是什么话!
好戏正要开始呢!

跆拳道室
哈哈哈
你的未来就掌握
在这些木板上！
林小倩，来吧！
转头
来吧！
嗖！

啪
啪
嗖嗖
啪
对！你就是要借此
忘记那个小子！
就像这些木板一样，
你就把那个不在意你
的家伙踢成碎片吧！
啪啪
我来帮你！
啪
啜泣……

空荡荡

嗯？
没有
啦？
空空如也

啊！
嘿啊啊啊
啊啊啊
等一下……
啊！
啪！
我又不是
木板……
踢
噗
住手！
我的木板呢？
嗖呜呜呜呜
已经用完了！
全都被你击破了！
嗒嗒嗒嗒

谁来帮我拦
住她……
范小宇？
你好吗？

社……社长？
抓住

林小倩！住手！
范……小宇？

危……危险！
转身！

终极空中翻转？
好险哦……
扑噜噜

小倩！
啊！
失去重心了！

危险啊！
哎呀！
啪！
哐哐哐
小……
小宇……
你没事吧？
小宇救了我一命！
嗯！你有没有
受伤？
嗯，这地板还
挺柔软的呢！
救……
救命啊……
口吐白沫

跆拳道室
小宇来得
正好。
终于解脱了！
他是来做
什么的呢？
不安
坐立

嘿
哇，跆拳道室还
真是宽敞啊！
这……

对……对不起，
今天没有去比赛
现场为你加油。
你们应该是赢
了吧？

当然啰！我是
何许人也？我
是范小宇嘛！
微笑

真是太好了！
我就知道你
一定办得到！
我跟你说哦！
天下知我者，
唯有小倩啊！

为了庆祝晋级决赛，
我想给你看一样东西。
怦怦
怦怦
真……
真的？

有东西要给我看，
我应该不是在做梦吧……
害羞
害羞
害羞
锵

嚓
锵锵！

这些木棒是我在
公园捡到的。
而绳子和
剪刀是从
聪明那里
借来的。
翻来
翻去
应该是抢劫
才对吧？
铁丝则是用我的零用
钱买来的。

这……这是
汤匙？
这都是些
什么东西
啊？
啊，那些是我
好不容易从餐
厅借出来的。
我要借6支
汤匙哦！
不行，
不行！

首先要把这条绳子
剪成6条。
拿起
剪断
分别剪成长度两两相等的3对，并且把它们捆绑在汤匙上。
1
2
3
也就是说，长度总共要有3种才行。
接着也把铁丝剪成长度相等的6条，并且把它们捆绑在木棒上。
嚓……
就用这种旋转方式使它们固定。
捆绑……
然后再把它们制成圆环的形状就可以了。
呆……
……
圆环完成后，调整间距，使相邻两个圆环之间间距相等。
呼呼……
虽然我看不太懂……

接着把刚才捆绑在汤匙上的绳子的另一头绑在圆环上，这时候只要以交叉方式捆绑就可以了。
呆……

小宇的样子……

帅气……
实在是……
实在是……
最后利用剩余的铁丝将2支木棒固定起来就大功告成了！
小倩眼中的小宇

完成了！
现实中的小宇
天啊！帅呆了！
哈啊
哈啊
哈啊

请你帮我拿这一边。
嗯……
嗯……
哈啊
啊！小倩？

晃动
晃动
晃动
好了！
现在正是重头戏的开始，你要听清楚哦！
点头
先让汤匙维持静止的状态……
沙沙
然后只摆动其中一支汤匙！
静止
就像这样拉过来……
拉
然后再放手。
嗖

小宇特地为我准备的
汤匙正在摆动。
汤匙像极了
荡秋千。
摆动
摆动

嗯?
摆动

这个怎么突然
晃动起来了呢?
晃动
晃动

是我动
它了吗?
晃动
晃动

紧握……

咦?晃动得越来越厉害呢!
嗖……
嗖……

啊！慢着！其他汤匙
却都毫无动静。
摆动的是……
晃动
晃动
晃动
晃动
长度和小宇摆动的
一样的汤匙！
当其中一支汤匙
摆动时，吊挂在
相同长度绳子上
的汤匙就算离得
很远，也会跟着
一起摆动。
小宇，
这是……
嗖
嗖……
嗖……
嗖……
哇！真……真的
好神奇哦！这是
为什么呢？

这是因为波动的传播。
当第一支汤匙摆动时，产生的振动会沿着木棒传播，
进而带动具有相同振荡频率绳子的汤匙。
嗡
嗡……
嗡……
嗡……
嗡

而这就是所谓的共振！

共振？

凡是具有相同振荡频率的物体，
尽管彼此远离，也会一起振荡。
由于你和我都是在望着另外一个自己崇拜的人——
相同的……
振荡频率？
所以我们是具有相同振荡频率的人。
因此我们可以更了解彼此。
虽然我无法接受你对我的好意，但我也很清楚你的心意……
是何等珍贵。

我希望你也可以
了解我的心意……

哇，太神奇了，
很像魔术呢！
那支汤匙竟然
会自己摆动。
你们快看看
小倩的表情，
她好像又被
迷住了。
社长！

完了……
我的计划
全被那小子
给搞砸了！
全身颤抖
这小子那么有本事，
小倩是忘不了他的！
嗒嗒嗒
呆
我希望你能够
明白我的用意。
嚓
脸红……

拥抱
谢谢你，小宇！
你真是一个好人！
太好了。
小倩愿意了解
我的心意了。
我果然没有
看走眼！
嗯?
惊！

我决定了！我发誓，你永远都是我的偶像！
砰！
什么？
等……等一下！
呆

我……我要表达的意思是……
你误解我的意思了！
惊吓
我才不管！
这一刻我已经下定决心了！
我林小倩就是崇拜范小宇！直到永远！
哎呀，这下子更难缠了！

啾啾……啾
呼啊啊~

啊啊！
我睡过头了。

啊，士元
回去了吧？

范小宇，你还在睡吗？
凸起

我打算今天去实验练习室
采访其他学校的学生。
你有什么安排吗？
起身
啧
啧
嗯？

对了，你昨晚好像
很晚才回来。
啧……
你跑去哪里了？该不
会是去找小倩……

没有啦，我只是好奇罢了。
如果你想找人谈一谈，
我愿意随时当你的听众。
嘿嘿
戳！
人呢？

这家伙到底
跑去哪里了？
竟然没有叫我
起床！
砰

精彩又刺激的对决！
太阳小学对广野小学！
大吼
太阳小学
VS
广野小学
最终预赛
请大家抛开看电影时才会吃爆米花、喝可乐的旧思维！
爆米花和可乐？
哔哔
哔哔
喂，小子啊！
你在干什么？
一次买两包打不打折？
当然打！
这爆米花真的可以拿进去吃吗？
哔哔
哔哔
爆米花
爆米花
爆米花

啊，不好意思！
我要回去了！
嗒嗒嗒
你这家伙竟然
逃得这么快？

石化
售完
空荡荡……

你这臭
小子！
我早就卖完了。
我改天会再
过来的！
撕
撕
嗒嗒
嗒嗒

老师！
小宇，你
来啦！
嗒嗒嗒

呵呵，你怎么会突然邀
我一起来看比赛呢？
嘿嘿，有个伴儿
不会无聊嘛！老师，
我们进去吧，再晚就
找不到好位子了！

让大家见识一下
我们的实力吧！
我觉得观看比赛的好处就在于能够同时了解各种实验。
再加上我个人的观点，仿佛就像身临其境尝试很多实验一样！
还有啊，老师！
现在我终于了解做属于自己的实验到底是什么样的滋味了……

这是双子叶
植物呢！
我竟然能够站在
这个舞台……
这一瓶是……
哇
我为自己感到
骄傲。
太阳小学胜利
必胜！广野小学
迈士元
小朋友，
请进。
我绝不会放弃
实验的！
嘟
嘟

现在，你们
将会
在决赛
舞台上——
以不同于以往的角度
面对实验。
那可真是……

令人感到兴奋的事情！
紧张
哇
今天这场比赛……
啊
哦哦哦哦
啊啊啊
由太阳小学获胜。

哇啊啊
恭喜太阳小
学晋级决赛。
噗哈哈哈哈哈

嗯！
哇哈哈！
咔嗒
咔嗒

你传来的邮件我
已经收到了！
嗒……
嗒嗒……
不过，
我觉得这样
还不够齐全！

不要漏掉任何
一个细节！
你一定要帮我调查
清楚，知道了吗？

那就麻烦
你了！

嘀

果真让我料到了！
哼……
唯有毁灭
黎明小学，
我们学校才能
求得自保！
起身！
天底下绝不容许有
第二个太阳诞生！
哇啊啊
哇啊啊
我绝对不会让这种
事情发生的！
敬请期待 科学实验王 17

波动的性质与种类

波动的介质只沿同一路线在其两个极限状态之间振荡，同时也传送波动所具有的能量。

波动的基本要素

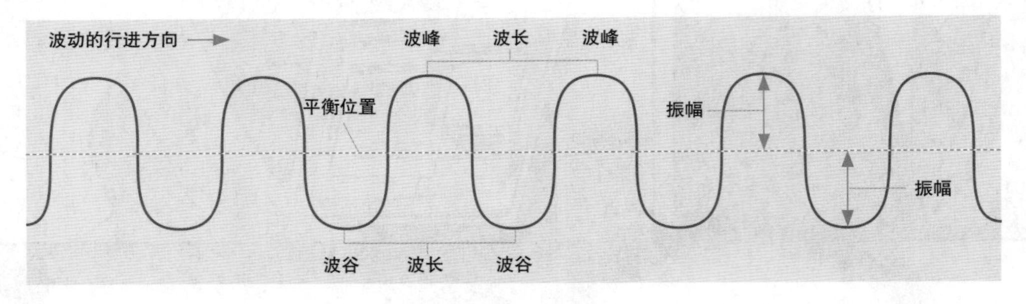

波峰与波谷　一个完整的波形由波峰和波谷构成，其中最高的部分为波峰，最低的部分为波谷。

波长　波峰与波峰或波谷与波谷之间的距离称为波长，是决定波动性质的重要因素。当波长改变时，波动性质也会随之改变。

振幅　波峰或波谷到平衡位置的距离，称为振幅。从波峰或波谷来测量，振幅都是一样的。

振荡频率　频率是指在单位时间内，波振动的次数。比如音波或电波，常以秒为时间单位，频率就是指每秒振荡几次，单位赫兹（Hz）。

周期　介质振荡一次所花费的时间，也可以说是一个完整的波形通过某一介质所需的时间。

介质　水波的介质是水；弹簧所产生的波动的介质是弹簧；平时说话声音的介质是空气。

波动的种类

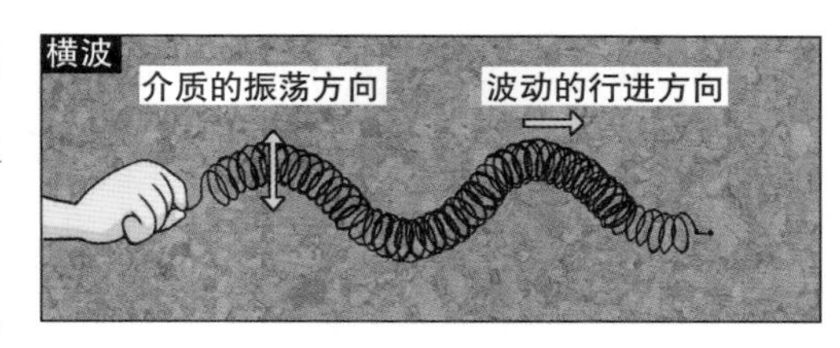

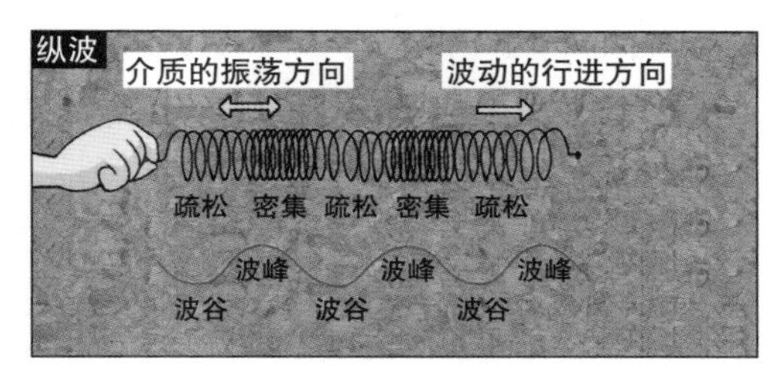

波动可分为横波与纵波，差别在于介质振荡的方式和波动行进方向的关系。

横波宛如握着绳索的一端，上下或左右摆动时所产生的波动，介质的振荡方向与波动的行进方向垂直。水波与绳波就属于常见的横波。

纵波则宛如握着弹簧的一端前后摆动时所产生的波动，介质的振荡方向与波动的行进方向相同，可以说是弹簧中密集的部分和疏松的部分呈现相互交叉扩散的波动。如果将纵波用图表呈现，最密集的部分类似波峰，而最疏松的部分则类似波谷。最具代表性的纵波是声波。

波动的运用

波动在各个领域中被广泛使用，例如照亮夜晚的光、使用于医疗中的超声波、发送和接收移动电话信号的电磁波。如今，波动的应用已成为我们日常生活中不可或缺的一部分。

声波　除了空气外，声波也可通过液体与固体传播。超声波主要适用于侦测海底深度和地形，同时也用于观察体内器官构造或孕妇腹中胎儿情况。

电磁波　电磁波依波长可分为无线电波、红外线、可见光、紫外线、X射线、γ射线等。其适用领域非常广泛，例如让我们看见世界的可见光、使用于移动电话或广播等通信器材的电波，以及运用于飞机或船舶侦测的微波雷达。

波动的各种现象

波动具有各式各样的现象：（1）波动碰到障碍物时会弹回来；（2）有些波动可以穿透人体；（3）有些波动甚至可以破坏远方的物体。

波动的反射

当波动在行进的过程中碰到不同的介质时，能量会部分或全部反射，其反射程度依介质的种类而有所不同。举例来说，音乐厅内的墙壁设计，会如同镜面反射光线一般，可反射声音，让声音传递至每一个角落。

神秘的走廊

位于英国圣保罗大教堂的“神秘的走廊”，利用声音的反射原理，即使非常小的声音，也能够传递到30米远处。

波动的折射

波动从某一介质进入另一介质的时候，因为两种介质的密度或传播速度不同，使得波动的前进方向改变，看起来就像转了一个弯，这就是所谓的折射。在日常生活中，最常见的对折射现象的利用是放大镜或近视镜、望远镜的镜片。除此之外，插在水杯中的铅笔在水面呈现弯折的现象，置于水槽底部的硬币看起来比真实深度更浅的现象，都是光线折射所造成的。

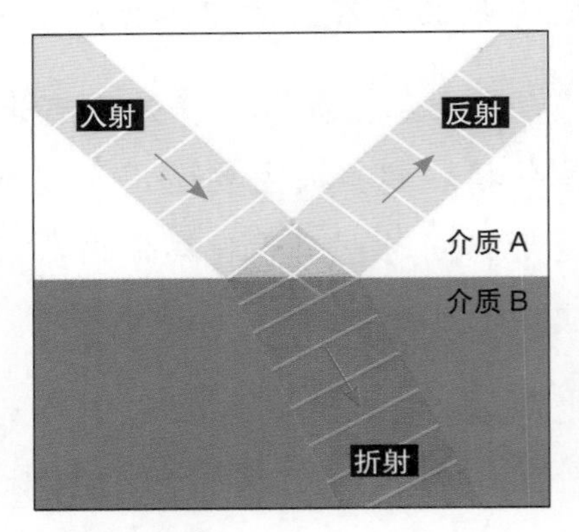

反射与折射

当介质改变时，一部分波动会反射，另一部分则会折射。

波动的穿透

有些波动可以穿过物质的内部，称为穿透。其中最具代表性的例子是在医疗领域中广泛使用的X光。人体内有X光容易穿透和不容易穿透的部位，利用这样的原理，可拍摄到人体内部的状态，据此分析病症。另外，常用的还有超声波器材，超声波会穿透人体后再反射回来，借此可观察体内的疾病或孕妇腹中胎儿的情况。

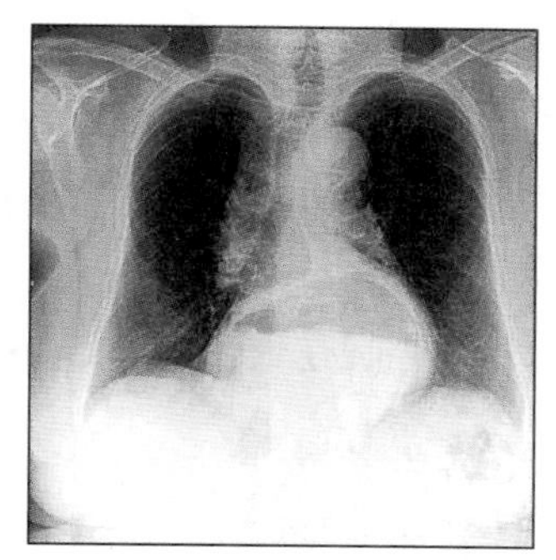

人体胸腔的 X 光片

波动的共振

每种物体都具有固定的振荡频率。当一个物体开始振荡时，具有与该物体相同振荡频率的其他物体会因为吸收波动的能量而一起振荡，这样的现象称为共振。当共振产生时，物体的振荡程度会变大，甚至发生过因共振导致桥梁或建筑物倒塌的灾难。

塔科马海峡吊桥的坍塌　1940年11月7日，一座原来能承受每小时190千米风速的吊桥，由于吊桥的振荡频率和风所造成的旋涡频率相同而引发共振，以致吊桥无法承受每小时仅67千米的风速，最终剧烈振荡而坍塌。

©Wiki

塔科马海峡吊桥的坍塌

墨西哥市的地震　1985年墨西哥市的一场地震中，受灾情况最严重的并非最高的大厦，而是一座约20层的大楼。因为该大楼的振荡频率与地震波的振荡频率相同而引发共振，才导致严重的灾情。

©Wiki

1985 年墨西哥市的地震

波动的干涉

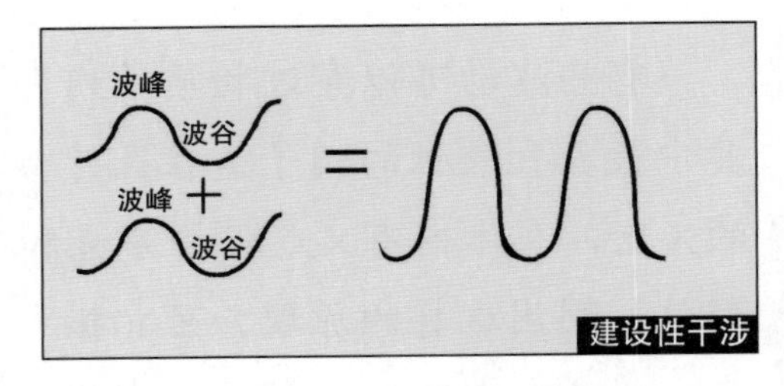

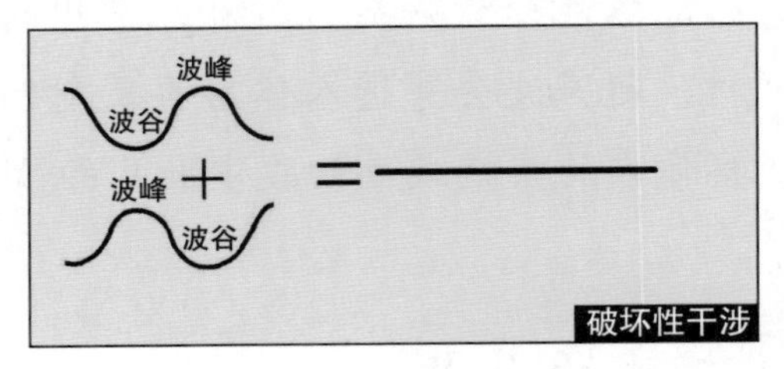

两个波动发生叠加，导致波动的振幅增强或减弱的现象，称为波动的干涉。当两个波动的波峰对波峰、波谷对波谷时，合成波动的振幅为两者振幅的相加，称为建设性干涉。反之，当两个波动的波峰对波谷、波谷对波峰时，彼此振幅互相抵消而使合成波的振幅缩小，称为破坏性干涉。

干涉现象的范例是安装于汽车或摩托车排气管的消音器，声音经过消音器引起的破坏性干涉，便可以大幅降低排放出来的噪声。设计表演场地时，也必须考虑声音的干涉现象，在引发破坏性干涉的位置声音会变得模糊不清，而在引发建设性干涉的位置声音则会过于嘈杂。

光的干涉　肥皂泡五颜六色，是因为在肥皂泡上方和下方反射的光彼此引起干涉。

声音的干涉　具有降噪功能的耳机，是将与外部噪声相位相反、振幅相同的声波传送至麦克风，引起破坏性干涉而使噪声消失的。

电波的干涉　移动电话信号突然变得不好的原因，是基站的电波在传送的过程中受到破坏性干涉。

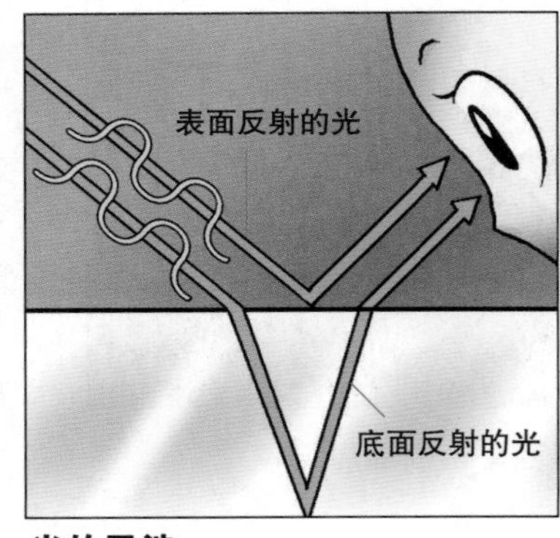

光的干涉

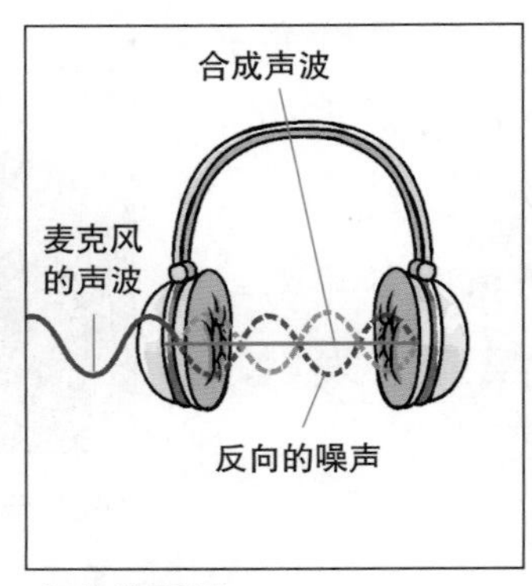

声音的干涉

破坏性干涉

波动的衍射

衍射是波动在遇到障碍物时偏离原来直线传播的现象。当水波通过狭缝时，就可以观察到衍射。波长越长，则衍射越明显，譬如在街角转弯处，可以听得到转角的声音，却看不到转角的物体，这是因为声波（波长可达数米）产生衍射现象，但光波（波长为400~700纳米）几乎没有衍射。

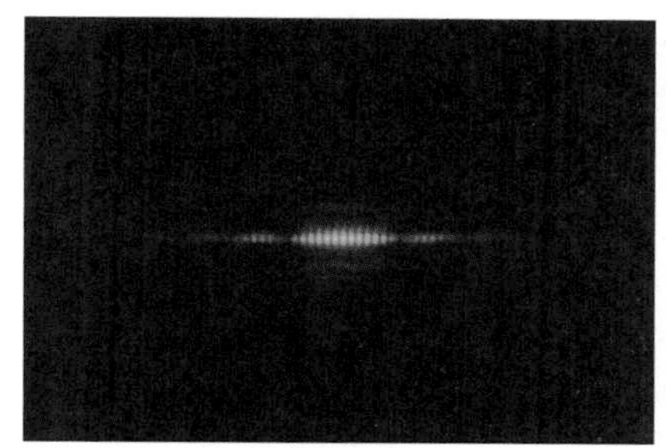
©Wiki

光线的衍射条纹

光线的衍射　光的衍射是证实光为波动最重要的证据之一，通过双狭缝实验，即可用肉眼来观察此现象。光的衍射现象也发生在照相机中，当照相机的光圈缩小时，可以取得景深较大、全景较清晰的照片，但如果缩得太小，反而会降低照片的品质，这就是通过光圈的光因衍射现象而分散的缘故。

电波的衍射　收音机在都市的高楼大厦和乡下的山谷中都能够接收到信号，也属于电波的衍射现象。尤其是收音机的AM电台，其接收信号范围远胜过FM电台，原因是使用于AM电台的电波波长比FM电波波长更长，所以当遇到建筑物或高山时，更容易发生衍射现象，从而传递至每个角落。因此，不太容易在地下室或隧道等处接收到完整的FM电台信号。

图书在版编目（CIP）数据

波动的特性/韩国小熊工作室著；（韩）弘钟贤绘；徐月珠译．—南昌：二十一世纪出版社集团，2018.11(2024.6重印)
（我的第一本科学漫画书．科学实验王：升级版；16）
ISBN 978-7-5568-3832-5

Ⅰ.①波… Ⅱ.①韩… ②弘… ③徐… Ⅲ.①波动(流体)—少儿读物 Ⅳ.①O353.2-49

中国版本图书馆CIP数据核字(2018)第234052号

版权合同登记号：14-2011-581

我的第一本科学漫画书
科学实验王升级版⑯波动的特性　[韩]小熊工作室/著　[韩]弘钟贤/绘　徐月珠/译

责任编辑	邹　源
特约编辑	任　凭
排版制作	北京索彼文化传播中心
出版发行	二十一世纪出版社集团（江西省南昌市子安路75号　330025） www.21cccc.com（网址）　cc21@163.net（邮箱）
出 版 人	刘凯军
经　　销	全国各地书店
印　　刷	江西千叶彩印有限公司
版　　次	2018年11月第1版
印　　次	2024年6月第7次印刷
印　　数	60001～65000册
开　　本	787mm×1060mm 1/16
印　　张	12.25
书　　号	ISBN 978-7-5568-3832-5
定　　价	35.00元

赣版权登字—04—2018—414

购买本社图书，如有问题请联系我们：扫描封底二维码进入官方服务号。服务电话：010-64462163（工作时间可拨打）；服务邮箱：21sjcbs@21cccc.com 。